好习惯 赢一生

HAOXIGUAN
YING
YISHENG

母建华 杨伯序 主编

新世界出版社
NEW WORLD PRESS

图书在版编目（CIP）数据

好习惯赢一生 / 母建华，杨伯序主编．-- 北京：新世界出版社，2017.7
ISBN 978-7-5104-6296-2

Ⅰ．①好… Ⅱ．①母… ②杨… Ⅲ．①青少年—习惯性—能力培养 Ⅳ．① B842.6

中国版本图书馆 CIP 数据核字 (2017) 第 119110 号

好习惯赢一生

主　　编：母建华　杨伯序
总 策 划：赖俊
责任编辑：刘颖　曲静敏
装帧设计：贺玉婷
责任印制：王宝根　苏爱玲
出版发行：新世界出版社
社　　址：北京西城区百万庄大街 24 号（100037）
发 行 部：(010) 6899 5968 (010) 6899 8705（传真）
总 编 室：(010) 6899 5424 (010) 6832 6679（传真）
http://www.nwp.cn
http://www.newworld-press.com
版 权 部：+8610 6899 6306
版权部电子信箱：nwpcd@sina.com
印刷：北京天宇万达印刷有限公司
经销：新华书店
开本：710mm × 1000mm　1/16
字数：233 千字　印张：14.75
版次：2017 年 7 月第 1 版　2017 年 7 月北京第 1 次印刷
书号：978-7-5104-6296-2
定价：36.80 元

培養孩子
良好習慣

時在丙申冬月於
景西郭尊先書

厚德載物
自彊不息

丙申冬月
郭壽先

《好习惯赢一生》

编辑委员会

前言

孩子是祖国的花朵，社会的未来，希望孩子成才是每个家庭及全社会共同的期望，所以孩子的教育培养问题尤为重要。而孩子的家庭文化教育是从好习惯培养开始，从小养成良好习惯，会使孩子一生受益。

为贯彻习近平主席关于加强家庭建设的重要指示精神，我们编写出版《好习惯赢一生》一书，旨在大力弘扬中华民族家庭美德，树立良好家庭风尚，培养儿童做人、做事、学习、生活等良好习惯，促进儿童健康成长和家庭和谐幸福。

本书倡导好习惯赢一生，强调好习惯对人生的重要作用。习惯决定人生，好习惯能够赢得人生的发展，能够成就事业的成功。人的习惯是后天养成的，无论家长还是孩子都要重视好习惯的培养，本书将作为开展好习惯赢一生活动的培训用书。本书内容包括学习好习惯、做人好习惯、做事好习惯、生活好习惯、安全防护好习惯等 5 个主要习惯，包括 31 个具体好习惯。

本书的编写原则是吸收我国传统儿童家庭教育理念，运用近现代中外先进家庭教育成果，融合少儿成长典型经验，契合当前社会对儿童素质的基本要求，满足当前家庭培养儿童习惯的实际需求，体现实用性、可操作性、故事性和一定理论性。

本书的创新之处有四点：一是综合运用幼儿教育学、家庭教育学、家庭生活学、儿童心理学、儿童发展心理学、普通教育学、成功学、人才学、社会学等交叉学科知识，具有科学性。二是故事和说理融为一体，书中有人物、有道理、有根据，避免了空谈和故事堆砌，是“活书”，可读性强。三是根据孩子成长和家教的特点，设置了“自我提升训练题”，其中包括“自我评测”“讨论分析”“实际体验”等，实操性强，可以边阅读边实际练习。四是从家长和孩子的立场出发，行文简明扼要，适合家长阅读以实施家教，也适合孩子阅读以自学自修，只要按照本书去做，孩子的习惯一定会有一个良好的改变，并能为自己的人生发展奠定良好的基础。

我们相信，本书将成为父母教子培养好习惯或孩子自修养成好习惯的良师益友！

《好习惯赢一生》编写组

2016 年 10 月 26 日

目录

第三章 做事好习惯

第四章 生活好习惯

第五章 安全防护好习惯

第一章

学习好习惯

学习习惯是指在学习过程中长期养成的学习行为方式，即在个人长期的学习（知识学习和生活学习）过程中，在所经历的家庭、学校和社会环境中，经过自我总结、反复验证，适合个人长期坚持的、自觉的学习行为方式。良好的学习习惯可对人的学习行为、学习方法、学习能力、学习效率、学习成绩起到积极促进的作用，使人终身受益。培养良好的学习习惯有益于孩子智力发育，并为终身学习型人生打下坚实的基础。

人的学习习惯要从小培养，学前阶段是形成良好学习习惯的启蒙时期。小学阶段是形成良好学习习惯的最佳时期。因此，家长要帮助孩子尽早养成确定目标、珍惜时间、自主学习、勤奋学习、学以致用、善于总结等主要的学习好习惯，争取学有所成，成就未来的人生。

确定目标

要养成良好的学习习惯，首先要确定人生目标，人生目标是培养学习好习惯的根本所在。有了明确的人生目标，才能明确学习的目的、内容、方法，为学习提供方向和动力。比如有的孩子以成为一个企业家为人生目标，他便以企业家为学习目标，努力学习相关的知识，并进行相关的生活锻炼。所以，从根本上说，为了确定自己的学习目标，使自己养成良好的学习习惯，并且学有所成，孩子一定要从小确定自己的人生目标。

人生目标是一个人生活的预期理想规划。每个人都有自己的人生目标，是对人生未来活动预期结果的主观设想，是在头脑中形成的一种愿望，因而具有主观性、方向性。人生目标受社会政治经济制度、文化传统、意识形态制约，因而具有社会性。人生目标只有从学习和实践活动中获得所需知识、能力才能得以实现，具有实践性、现实性。

确定目标可使孩子从小就能缜密地思考自己的未来，预选自己未来的工作和生活，以利于明确学习方向，持续学习相应的知识。

在围绕人生目标来确定学习目标的时候，也可参考“目标学习法”，着眼纠正一些具体的学习不足，比如平时比较贪玩不爱学习，听讲不够认真，学习主动性不强等，通过纠偏来培养学习习惯。孩子在学习和生活中存在一些欠缺很正常，把弥补欠缺作为阶段性目标也是培养学习习惯的措施。

为什么要培养确定目标的好习惯呢?

第一，确定目标可激发、保持学习动力。确定目标就是立志。立志、定标、学习、成长、发展是一个人的学习成长过程。古人讲“百学须先立志”，就是说在学习本领之前首先要立下远大的志向，设定学习的目标。人生目标是人生中最重要的动力。有了人生目标，就有了明确的学习目标，就能激发起学习热情，产生学习动力，产生好的学习效果。

第二，确定目标可使学习方向明确并获得成功。1999 年，北京大学举办夏令营，有 30 名正在读初一的学生在北大生活了 8 天。在一次活动中，老师让每个同学谈自己的人生理想，有一位同学目标明确。当时他的学习成绩在班级里属中等，他的理想是将来考北大，并且已经在老师的指导下制定了短期学习目标：期末考试进班级前 10 名。中期学习目标是初中毕业考进市一中（省级重点中学）。为了实现目标，他还制定了日、月、学期学习计划。在以后的每年暑期，这位同学都向北大夏令营辅导员报告好消息。2001 年，他以全市第五名的成绩考入市一中。2004 年他以 665 分的优异成绩被北京大学法学院录取。

第三，确定目标可争取人生发展。现实生活中，真正的天才与白痴都是极少数，绝大多数人的智力相差无几。然而，人在走过漫长的一段人生之路后，有的功盖天下，有的碌碌无为。本是智力相近的一群人，为何成就却有天壤之别呢？原因不在于天赋或机遇，而在于小时候有无人生目标。对于没有目标的人来说，孩童时代的学习就会漫无边际，对于有明确目标的人来说，孩童时代便遵循目标学习，为人生打下良好的知识和能力基础。

有一年，一群意气风发的天之骄子从美国哈佛大学毕业了，他们的智力、学历、环境条件都相差无几。临出校门，哈佛对他们进行了一次关于人生目标的调查：27%的人，没有目标；60%的人，目标模糊；10%的人，有清晰短期的目标；3%的人，有清晰而长远的目标。这个调查结果，实际反映了这些学子从孩童时代到大学时代一贯的人生目标状况。25 年后，哈佛跟踪调查这群学生时发现：3%的人，25 年间他们朝着一个方向不懈努力，几乎都成为社会各界的成功之士，其中不乏商业领袖、社会精英；10%的人，他们的短期目标不断实现，成为各个领域中的专业人士，多是社会中上阶层；60%的人，他们安稳地生活与工作，但都没有什么特别的成绩，几乎都生活在社会的中下层；剩下 27%的人，他们的生活没有目标，过得很不如意，并且常常在埋怨他人、抱怨社会，抱怨这个“不肯给他们机会”的世界。其实，他们之间的差别仅仅在于孩童时代到 25 年前的大学时代，以及其后有无明确目标。

事实是最好的说明，人生目标对人生有重大作用，尤其能使孩子明确学习方向，凝聚学习意志，克服学习困难，坚持不懈地学习，并养成终身学习的好习惯。

怎样培养确定目标的好习惯？

第一，“照镜子”认识自我。孩子各方面的基础水平和认识能力有限。据有关方面对每年新入学孩子的问卷调查，每年测试结果都令人惊讶。比如以“我是谁”为主题，了解孩子对学习目的、自我发展的认识等，可以说孩子普遍对自己没有认识。为什么学习？不知道！自己有什么兴趣、特长？说不好！将来的发展志向是什么？没想过！至于家庭、父母状况及对自己的期望知之甚少。

现在的家庭孩子们缺少压力，他们过多地注重自我，对社会的理解甚少。

进入学校后，尤其是到了小学高年级或者初中，学习科目增多，对人格培养的多方面要求日益严格，这使不少孩子难以承受。因此，在品德行为各方面的不良习惯就开始暴露出来，“不爱学、不会学，上课不会听讲，作业不按时完成”等更是学生中较多存在的问题。即使是“全优”的孩子，在学习习惯上也存在一定的问题。

为此，有的学校引导孩子们以学习中“预习、上课、作业、复习”的科学方法为镜子，并以学习目标明确、认真学习、人生幸福的案例为镜子，对照自己的学习表现。通过照镜子，触动了他们的心灵。一些孩子发现了自己的差距和不足，反思自己的缺欠与原因，重新确立新目标，采用新的学习方法。

第二，让孩子自主确定目标。每个孩子的基础水平不一样，所以不能按统一目标来要求，应该发挥孩子的自主性，由孩子自主制定目标。如适时制定出学期目标、学年目标、小学目标、中学目标、大学目标、工作目标等。家长的作用在于帮助指导，提合理化建议供孩子参考，以引导孩子自己积极主动地设计和规划自己，真正体现出孩子的个性发展，不能代替孩子确定人生目标。家长可帮助孩子做前瞻性的趋势分析，以利孩子在制定短期目标的同时，着眼于长远目标。因为只注重短期目标则难以获得不断进步的动力，而孩子又缺乏预测人生未来的经验，父母有必要帮助孩子做人生分析。

孩子自定目标可以加深对现实自我状况的认知。认识自己越多，就越明了自己的知识、能力、天赋及潜能。对自己有清晰认识的人，才能明确自己的方向，更好地驾驭人生。认识自己越深刻，越有利于对自己的发现和超越，也就越能坚持自己的前进目标。无数成功案例表明，成功者一般都是自知者。自知者因自知而自信，因自信而自强，因自强而成功。

第三，尽量确定远大目标。人生目标要与国家、民族的发展目标结合起来，因为个人、家庭、国家是连在一起的，个人目标无法脱离国家民族的发展目标。远大的人生目标并不是笼统、空洞的口号，而是体现在实际行动中的，应尽可能用数量表示出来。如孩子的短期学习目标可以围绕听讲、作业等方面制定具体详细的学习阶梯目标。人生目标应该富有进取性，有吸引力，能激发不断进步的力量，但不要好高骛远。要制定切实可行的学习计划，逐步实现学习目标。比如，一天、一月、一学期、一年的学习中，学什么、怎么学、达到什么效果等。

确定远大目标关键在于是否适合自己。必须遵从自己的兴趣和意愿，必须符合自己的实力，根据自己的需要和实力制定目标，不要与别人攀比，不要妄自菲薄，以利自己一步一个脚印地前进。

第四，体现人生全面发展。现代人讲究德、智、体、美、劳协调发展，追求和谐人生。因此，人生目标不能只注重智力发展，还要统筹规划人生的各个方面。生活中，有些孩子的人生目标与金钱、物质、地位联系较紧。当然，这些目标没有不妥，因为物质生活是人生的基础。然而物质要靠劳动创造，劳动更是人的本能，人也离不开美好的精神生活，况且身体健康才能享受物质精神生活。所以，人生目标应是包括德、智、体、美、劳的综合目标。

目标一经确定不能随便放弃，要保持相对稳定，要根据个人和学习环境的发展变化及时调整，以求得不断提升。

★自我提升训练题

■自我评测

1. 古语“百学须先立志”是（　　）所说。

A. 欧阳修

B. 王守仁

C. 朱元璋

D. 朱熹

正确答案：D

2.“人生天地间，各自有秉赋；为一大事来，做一大事去。”出自下列诗歌（　　）。

A.《自誓》

B.《中国人》

C.《自勉并勉同志》

D.《我的小怀抱》

正确答案：C

3. 指出下列词语中一个形容专心学习、不为他事所动的成语（　　）。

A. 言行一致

B. 专心致志

C. 神采飞扬

D. 日思夜想

正确答案：B

■讨论分析

社会有很多职业，每个人都有自己的人生目标，有的人想做汽车司机，有的人想当企业家，有的人想当航天员，有的人想当老师，还有的人想让家乡父老乡亲共同富裕。为了实现自己的人生目标，想想该学什么、怎么学？

■实际体验

找出不少于 5 个目标远大、学有所成的人，分析他们怎样确定目标，怎样向目标前进，对照自己目前的目标，写一篇感悟。

珍惜时间

珍惜时间是指珍重和爱惜时间，主要是指珍惜当前拥有的时间，珍惜每一月每一天，珍惜每一分每一秒。珍惜时间还体现在高效率处理事情上，对于孩子们来说，尤其是抓紧学习时间。珍惜时间还体现在合理安排利用时间上。正如培根所说："合理安排时间，就等于节约时间。"

珍惜时间意味着不糟蹋时间，把人生有限的时间用在人生有意义的事情上，让生命中的每一分每一秒都过得有价值。雷锋曾说："我要把有限的生命，投入到无限的为人民服务之中去。"时间对于每一个人来说都是公平的，就看自己是否善于利用，是否能够珍惜。

为什么要培养珍惜时间的好习惯呢?

第一，珍惜时间是人生自然规律。恩格斯说："利用时间是一个极其高级的规律。"人与时间有密切联系，时间对人最宝贵。时间是人唯一公平所得的财产，人的恒定财富是时间。时间是最好的老师，是解读历史的标尺。时间又是世界上所有成就的沃土，可给空想者痛苦，给创造者幸福。时间又是伟大的作者，给每个人写出应有的结局。一寸光阴一寸金，千金难买寸光阴。

然而宝贵的时间却无法储存。时间像小河流水，不停留、不等人。在人们身边静静地淌过，而且转瞬即逝，永不回转。人自出生后，由小到大，由大到老，每过一日，即去一日，每长一岁，即去一岁，一不留神，美好时光消失得无影无踪。所以人们常说，青春易逝，时光难留。早在几千年前，孔子就曾在河边长叹：“逝者如斯夫，不舍昼夜。”东晋诗人陶渊明也叹息：“盛年不重来，一日难再晨。及时当勉励，岁月不待人。” 这是无可抗拒的自然规律，所以珍惜时间是多么重要。

现代社会，家庭、个人生活节奏加快，要学的东西太多、要做的事情也太多，而时间却一刻不停地在流逝，有志者更是从小养成珍惜时间的良好习惯。

第二，珍惜时间就是珍惜自己的生命。富兰克林把时间看作生命，提醒人们珍惜时间，他说：“时间是构成一个人生命的材料。”鲁迅认为“生命是以时间为单位，浪费别人的时间等于谋财害命；浪费自己的时间，等于慢性自杀。”

鲁迅是我国伟大的思想家和文学家，他从小都非常珍惜时间，他一生珍惜时间达到了惜时如命的程度，他把别人喝咖啡、聊天的时间都用在工作和学习上，总想在较少的时间内做更多的事情。他还说过“时间就是生命”“节约时间，就等于延长一个人的生命”“时间，就像海绵里的水，只要你挤，总是有的”，鲁迅最讨厌那些“成天东家跑跑，西家坐坐，说长道短的人”，鲁迅一生都善于挤时间、支配时间，善于抓紧时间学习、工作。尽管他的工作条件和生活条件都不好，他仍然每天工作到深夜，常常是白天做别的工作，晚上写文章，一写就写到天亮，实在困了，就和衣躺到床上打个盹，醒后稍微休息，又继续写作。

鲁迅小的时候，在书桌上刻了一个“早”字，勉励自己抓紧时间上学；平时就利用一切时间看书学习，养成了珍惜时间的好习惯。正因为鲁迅惜时如命，所以在他短暂的 56 岁生命里，他能够通晓自然、社会科学的许多知识，著译了 1000 多万字，为后人留下一份宝贵的文化遗产，所以我们要教育我们的孩子珍惜时间。

第三，珍惜时间是争取人生成功的条件。人生成功无非是事业有成，生活幸福。当前是知识经济社会、竞争社会，追求事业有成需要知识，参与竞争需要本领，实现生活幸福需要金钱。当然，金钱不是人生的目的，也不是人生幸福的唯一条件。而时间则是获取知识、本领和金钱的前提条件。时间就是知识，时间就是效率，时间就是金钱。从社会和个人生活的双重现实意义上说，珍惜时间就是珍惜学习知识的大好时机，就是珍惜学习挣钱本领的宝贵时机，就是珍惜提高人生成功的时机。

人生苦短，要想实现自己的人生目标，从小珍惜时间并养成习惯就显得非常重要。可想而知，如果一个孩子不珍惜时间，习惯把时间耗费在没有意义的事情上，那么终将一事无成。

怎样培养珍惜时间的好习惯？

第一，增强时间观念。养成良好的时间观念是培养珍惜时间习惯的思想基础，没有时间观念就谈不上珍惜时间，也就养不成珍惜时间的习惯。时间观念包括认识时间的珍贵，认识时间的价值意义，认识时间与人生的密切联系，认识珍惜时间的重要性，认识时间是自己最宝贵的资源，从而自觉珍惜时间。同时，抓紧时间学习各种知识和做事，在充分利用时间的实际行为中培养珍惜时间的良好习惯。

第二，合理利用时间。孩子一般没有时间观念，没有紧迫感，也不善于合理利用时间，家长要教会孩子合理利用时间。比如孩子做一道复杂的课外数学题，最好一气呵成，不要今天想一会儿，然后去做别的事，明天再想一会儿，这样思路就不连贯了，实际上是在耽误时间。

家长要教育孩子珍惜点滴时间，善于利用零碎时间。生活中，三五分钟、十分钟八分钟，看似不起眼，可叠加起来就是大段的时间，如果善于利用零碎时间，就能做很多事情。华罗庚说：“时间是由分秒积成的，善于利用零星时间的人，才会做出更大的成绩来。” 家长要引导孩子善用零碎时间。如有的孩子晨跑或洗澡时听英语录音，在盥洗池旁贴一张词汇表，每天刷牙时熟记一个生词。如孩子做完作业后，坚持用几分钟时间检查一下，或者预习一下明天的功课。孩子出门前检查一下是否遗漏学习用品、是否漏关台灯等电器，这样就会省去补漏的时间。孩子养成花几分钟整理东西的习惯，把常用的学习用品放在顺手的地方，将重要的学习用品和资料放在固定地方，避免使用时东翻西找，浪费时间。

制定时间表。时间表可以提前安排孩子的时间，是孩子切实可行的学习生活行动表，有助于改变孩子利用时间的随意性，增强孩子时间利用的合理性，有助于珍惜时间习惯的养成。时间表包括生活、学习、身体锻炼、娱乐、户外活动等全方位的内容，要符合养生科学。

第三，克服拖拉磨蹭。做事拖拉是在浪费时间，有的孩子拖拉时间，并非有意为之，很大原因是孩子容易在做事时忘掉时间。因此要想办法应对。制造时间气氛可促使孩子珍惜时间。如手机定时或闹钟提醒，时间准，效果好，有时候比家长的提醒更易于引起孩子的重视。有的家庭把时钟设定为白天每半小时报时，增强了双休日孩子在家的时间气氛。

计时做事，制造时间紧张气氛。孩子的神经适当绷紧一些，生活节奏加快一些，有益于珍惜时间习惯的培养。如穿衣、吃饭、收拾书包、洗衣服等日常生活事情限时完成。每项事情需要多长时间，家长事先和孩子一起设定好，然后引导孩子以最快的速度保质保量完成。凡是计时劳动、计时阅读、计时作业、计时娱乐、计时锻炼身体等计时活动，都可培养珍惜时间的习惯。

善用“倒计时”。在计时做事的基础上，在事情完成的后期，孩子可用“倒计时”的方法安排时间，以珍惜剩下来的时间，抓紧完成既定事务。如 1 个月内必须完成的事情，计算剩余天数，规定此后每一天的进度，当日事当日毕，当日未完次日补上。

珍惜时间要与懒惰作斗争。珍惜时间意味着抓紧时间多做事，而人的懒惰本性是妨碍。小孩子如果懒惰，遇事容易下意识地想着明天再做，甚至明明没做什么事情，却也打不起精神。入学后会迟到、逃学且不以为然。所以，家长要引导孩子明白：“今日复今日，今日何其少。”“人生百年几今日，今日不为真可惜。”如果人生待明日，势必万事成蹉跎。一定要帮助孩子战胜懒惰。

第四，善用假日时间。生活中节假日很多，有双休日、法定假日、民俗节日，每年双休日和节假日加起来 110 多天，人们大约一年 365 天就有三分之一的时间是在假期中度过的，这是很宝贵的时间。再加上还有寒暑假。孩子如果不善于利用节假日时间，实在可惜。对于孩子和家庭来说，比较可行又有益处的度假方法可以是娱乐加学习，特别是兴趣广泛的孩子，可以学一些自己爱好的知识。节假日、双休日学习习惯一旦养成，将增加大量的学习时间。以 104 天双休日为例，每周两天总共用来学习的时间不宜太多，以

8~10 小时为宜。这样一来，每年 52 周所增加的学习时间很可观，这个时间的学习由于是自主学习，学习效率会有所提高。所以利用节假日做一些有意义的事情是一个不错的选择。从今日做起，从现在做起，“莫等闲，白了少年头”。

★自我提升训练题

■自我评测

1.“抛弃时间的人，时间也抛弃他。”以下人物中，说这话的人是（ ）。

A. 培根

B. 莎士比亚

C. 鲁迅

D. 歌德

正确答案：B

2.“人生百年几今日，今日不为真可惜。”出自下列诗歌（ ）。

A.《祝酒歌》

B.《昨日歌》

C.《明日歌》

D.《今日歌》

正确答案：D

3. 小孩子对时间的看待应当是（ ）。

A. 时间是无偿的，可以想做什么就做什么

B. 时间是公正的，珍惜和不珍惜都一样

C. 时间最珍贵，应当珍惜时间

D. 现在说珍惜时间有点早

正确答案：C

■讨论分析

高尔基说：“世界上最快而又最慢，最长而又最短，最平凡而又最珍贵，最容易被忽视而又最令人后悔的就是时间。”

请思考这句话的含义是什么？

■实际体验

请用《宝贵的一分钟》为题，写一篇 200 字的短文。

自主学习

自主学习是指自己做主，不受别人支配，不受外界干扰，通过阅读、听说、研究、观察、实践等多种学习手段，使自己的知识与技能、方法与过程、情感与价值获得改善和升华的学习行为。自主学习是当前知识经济时代一种现代化的学习方式，是不断获取有价值的知识、完善充实自己的知识体系、满足自身需要、并最终取得成功的法宝，自主学习是一种主动性学习。主动性学习分为自动学习、自觉学习、自主学习三个层次，自主学习处于最高层次，表现为“自立”“自为”“自律”三个特性。自主学习对孩子很重要，能形成好的学习品质，能激发好奇心，培养自信心，能培养创造力，能培养积极主动的自我发展能力。

凡是自主学习的孩子，学习活动中往往突出表现为“我要学”“我能学”。孩子意识到学习是为了自己的生活、生命的成长和发展，自觉担起学习的责任，决心自主学习，有学习兴趣。孩子有了学习兴趣，就能够合理利用时间，自己安排学习内容，不须家长监视和督促。学习中不觉枯燥，能在快乐中坚持独立学习，越学越爱学，越学越想学，因而坚持不懈。

美国心理学家罗杰斯认为“人类有机体有一种自我——主动学习的天然倾向”，所以他主张“人的学习应以自主学习的潜能发挥为基础”。心理学家布鲁纳也认为学习是一个主动的过程。现在，越来越多的家庭从小培养孩子自主学习的习惯。

为什么要培养自主学习的好习惯呢?

第一，自主学习可适应学校教育的主动学习模式。国家《基础教育课程改革纲要》提出了“基础教育课程改革的具体目标：改变课程过于注重知识传授的倾向，强调形成积极主动的学习态度，使获得基础知识与基本技能的过程同时成为学会学习和形成正确价值观的过程。”“改变课程实施过于强调接受学习、死记硬背、机械训练的现状，倡导学生主动参与、乐于探究、勤于动手，培养学生搜集和处理信息的能力、获取新知识的能力、分

析和解决问题的能力以及交流与合作的能力。”根据国家教改目标，全国幼儿园中小学都在改变学习方式，倡导自主学习。学生要积极地发挥自己的主体作用，主动学习，不要让老师牵着自己的鼻子走，自主性学习方式的类型主要有超前式学习、迁移式学习、实验室式学习等，幼儿园和学校要倡导学生在自主学习的基础上，与同学、老师展开合作和探究学习方式。合作性学习，即通过学生与学生、学生与教师间的讨论、互助等形式的交互合作学习，互相取长补短，共同发展进步。探究性学习，就是在教师的组织、指导和引导下，学生从自身发现问题出发，从好奇心及兴趣出发，通过实验、实践，用所学的知识去解决问题、验证原理或尝试相关知识的综合性学习活动。很显然，孩子如果不从小培养自主学习习惯，很难适应今天学校实行的学生自主学习模式，有可能输在学习的跑道上。

第二，自主学习是时代的要求。人的生存是一个无止境的完善过程和学习过程，人只有通过不断地学习，才能完善自己。当前，科学技术飞速发展，职业转换和知识更新频率加快，一个人仅靠在学校里学的知识是远远不够的，每个人必须成为教育自己的人，必须成为终身自主学习的人。在未来人生发展中，孩子是否具有竞争力，是否具有发展潜力，是否具有今天信息化学习化社会的生存能力，从根本上讲，都取决于孩子是否具有终身自主学习的习惯和能力，因此，使孩子从小学会自主学习，已经成为当今世界诸多国家都十分重视的一个问题。联合国教科文组织 1972 年出版的《学会生存——教育世界的今天和明天》一书中曾讲：“未来的文盲不是不识字的人，而是没有学会怎样学习的人。”而终身学习一般不在学校里进行，也没有教师陪伴在身边，全靠个人自主学习。所以，为适应 21 世纪社会对人的生存发展的基本要求，今天 21 世纪的孩子应该从小培养孩子自主学习习惯，培育自主学习能力。

第三，自主学习是对自己负责。自助者天助之，自弃者天弃之。学习是自己的事情，他人的作用有限，自己的命运自己主宰，自己的前途自己来定，自觉性和主动性就显得至关重要。“自助者天助之”——这则古训已被公认为个人成就自我的心理基石。从效果上看，外界的帮助使人愈加脆弱，自助却使人得到恒久的激励。

拿破仑年轻的时候，一次到郊外打猎，突然听见有人喊救命，他快步走到河边，见一男子正在水中挣扎。这河水并不宽，拿破仑端起猎枪，对准落水者，大声喊道："你若不自己游上来，我就把你打死在水里！"那人见求救无用，反而增添了一层危险，便只好奋力自救，终于游上岸来。拿破仑拿枪逼迫落水者自救，是想告诉他，自己的生命本应该由自己负责的，唯有负责的生命才是真正有救的生命。学习也是这样，要发挥自己的主观能动性。

怎样培养自主学习的好习惯?

第一，培养自主学习的兴趣。孩子自主学习习惯的培养要从孩子的心理特点入手，小孩子最突出的心理特点是兴趣第一，作为家长，要寻求有效策略，激发孩子的学习兴趣，促使孩子养成自主学习的习惯。比如家长可鼓励孩子自主质疑学习内容；鼓励学习猜想，发挥学习潜能；建立学习成长台账，随时记载孩子的学习进步；建立家庭自主学习表扬机制；定期举办家庭学习互动讨论，让孩子畅谈学习感受等，以激发孩子的学习兴趣。只要孩子以适当程度的学习兴趣学习，自主学习习惯自然会逐步养成。

第二，强化自主学习的意识。自主学习是孩子自己的事，孩子必须有自主学习的意识，只有这样才能逐步养成自主学习的习惯。

自觉意识。孩子有什么样的意识才可能有什么样的行动，平时要给自己灌输自觉自主学习的意识，要培养自己自觉自主学习的习惯。有了丰富的知识就可以创造幸福的人生，就可以立足于社会不败之地。

自治意识。在自主学习过程中，孩子要制定学习计划，选择并确定适合自己的学习方法和途径，并按照这个计划对学习的全过程进行管理和调节，直至完成学习过程的每一个环节，达到学习的目标。

自控意识。当外界的某些因素对自己的学习形成干扰和影响时，孩子要善于分析原因及后果，控制学习的方向和节奏，努力端正心态，克服不利影响，坚持按计划学习。

自评意识。孩子要善于通过各种方法和途径，比如和教师交流、参加小组讨论等获得一定的参照系，以此对自己的学习效果和质量进行正确的评价和评估，从而不断总结经验，及时调整学习的方法和节奏，保证学习的效果和质量。

自励意识。自主学习是一个长期的艰苦的过程，孩子除了要随时注意坚定目标、端正心态，还必须经常寻求并获取有利于自己的良性刺激，从而形成“学习—良性刺激—再学习”的良性循环。

第三，制定学习目标和计划。凡事预则立，不预则废。是否有学习目标和学习计划对孩子的学习效果有直接的影响。确定学习目标需要具有适当、明确、具体的特点。而制订配套的学习计划，需要孩子对自己有客观的了解才行。因此，孩子在制订计划之前，不妨动笔分析自己各方面的优势和缺陷，以便制订计划时扬长避短，有的放矢。

一份成功的学习计划，不应过简，也不必过繁，更不必为制订这份计划而耗费过多的时间，目标计划应适中。不订书面计划，而时时“胸有成竹”的人，也是有的，但他们不是没有计划，而是以“腹稿”形式来制订计划。书面计划的优点，在于其“白纸黑字”的监督作用。计划要体现自主预习、听课、复习、作业、与伙伴交流等环节，切忌单打独斗式的自我封闭学习。

第四，创设自主学习的家庭环境。父母是孩子自主学习的第一任教师，家庭是自主学习的第一场所。现在很多家长埋怨孩子不喜欢读书、不知道学习。其实家长有责任。要想让孩子养成自主学习的习惯，家长首先应该养成自主学习的习惯，以潜移默化地影响孩子。同时，还要建立民主平等的家庭关系，重视与孩子的情感交流。家长要给孩子独立思考的空间，让孩子独立地学习；要给孩子自主学习的时间，不要干涉过多；要引导孩子与好学的同伴合作学习，可以解决个人学习中未解决的问题，也可以在活动中寓教于乐，孔子说“独学无友则孤陋而寡闻”；要表扬孩子自主学习，“好孩子是夸出来的”。

★自我提升训练题

■自我评测

1. 自主学习的三个特性是（　　）。

A. 自立

B. 自为

C. 自律

D. 自习

正确答案：A、B、C

2. 我国古语“易曰：自天佑之，吉无不利。子曰：佑者助也。天之所助者顺也；人之所助者信也，履信思乎顺，又以尚贤也。是以自天佑之，吉无不利也。”表现的意义与常说的哪句英国谚语的意义相近？

A. 自弃者天弃之

B. 自助者天助之

C. 自知之明

D. 天佑我也

正确答案：B

3.宋代黄山谷曾说：“三日不读书，照镜则面目可憎，对人则语言无味。”从中我们可以感悟到（　　）。

A. 读书对人的全面发展起到不可替代的作用

B. 读书是获得文化知识、提升素质的源泉

C. 读书是培养健全人格的重要途径

D. 读书是塑造人生的重要途径

正确答案：A、D

■讨论分析

纵观自己成长至今，对“父母是儿童的第一任教师，家庭是人生成长的摇篮”有何看法或感受？

■实际体验

根据自己的情况，每周记录自己的自主学习情况（包括动机、效果与感想等），同时注意观察班级成绩名列前茅的同学的课堂或课后表现，分析与对方的表现差异并取长补短，编成表格或日记，如有可能将自己的想法或做法与被观察人沟通以确定其真实的心理活动状态。坚持一段时间之后（21 天），看看自己有什么收获？

勤奋学习

勤奋学习是指振作精神，鼓起劲来，不怕各种学习困难，不怕吃苦受累，勤于学习，勤于思考，勤于探究，勤于实践。也就是常说的认真学习，刻苦学习。勤奋学习的关键点是勤奋。人最宝贵的素质除了良好的心理素质，就是勤奋。在这里，勤奋指人的学习行为，指人的学习精神，指人的学习品性。勤奋学习是长期的艰苦的学习行为，需要内在的学习精神作支撑。人的勤奋学习精神不是天生的，是在长期的勤奋学习行为中培养的。所以，人要从小勤奋学习，并养成习惯，坚持下去，进而使勤奋学习精神和勤奋学习行为共长共进，结出丰硕的学习成果。

为什么要培养勤奋学习的好习惯呢?

第一，勤奋学习是掌握和增进知识的需要。人的知识不是自然形成的，必须通过刻苦的学习行为才能获得。大卫·李嘉图说过："学问是苦根上长出来的甜果。"大卫·李嘉图是英国产业革命高潮时期的经济学家、古典政治经济学的集大成者。可是他在青年时代并未接受过系统的教育，他所受到的正规教育是一个伟大的经济学家所受到的最贫乏的教育。他主要靠业余刻苦自学政治经济学知识，最后对经济学做出了开创性贡献。所以，知识是靠十年寒窗日积月累慢慢学成的，是行万里路、读万卷书、做千般事慢慢形成的。只有经历千辛万苦、千锤百炼的人才能够真正学到知识。

第二，勤奋学习是提升自己综合素质的需要。现代人重视综合素质的提升，家庭学校都重视素质教育。为了提升自身的综合素质，必须学习多方面的知识，必须从多方面生活实践中体验，其原因正如培根所说：“历史使人明智，诗歌使人聪慧，数学使人精确，哲学使人深刻，伦理使人庄重，逻辑使人善辩。”也就是说要广泛地学习文化知识、经济知识、历史知识、科技知识等。综合素质对知识的要求是真正学懂弄通，不是一知半解。还包括学会自己需要掌握的专业技能，有较强的动手能力。所有这些，只有勤奋学习才能获得。

第三，勤奋学习是人生成功的需要。在现实生活中，生而知之者不存在，不勤奋就难以学到足够的知识。爱因斯坦说过：“成功=艰苦的劳动+正确的方法+少说空话。”我国有俗话说：穷人不学，穷无止境，富人不学，富不长久。学习是一辈子的马拉松运动，要取得人生的成功，就必须加强学习。要学习就要付出精力和体力，特别是在生活实践中学习是体力劳动，更为辛苦，如果不勤奋，就难以学到知识，也难以持久学习，势必半途而废，势必碌碌无为。安徒生是丹麦 19 世纪著名的童话作家，被誉为“世界儿童文学的太阳”。他出生于一个贫穷的鞋匠家庭，童年生活贫苦。早年在慈善学校读过书，当过学徒工。11 岁时遭遇家庭变故。为追求艺术，他 14 岁时只身来到首都哥本哈根，经过 8 年多勤奋学习和创作，终于功成名就。爱迪生仅上学 3 个月的时间，就被老师以“低能儿”的名义撵出学校。此后他跟着母亲勤奋自学，阅读大量书籍，研究化学，痴迷实验，经历多次失败，逐渐拥有一千多种科学发明。

现在的孩子整体学习条件比爱迪生和安徒生好很多，就更应该勤奋学习，黑发应知勤学早，免得白首悔懒学。

怎样培养勤奋学习的好习惯？

第一，认清时代。现在是知识时代，学习型社会，社会知识持续快速增长，今天知道的东西很快就会过时，也许白天还津津乐道的知识到晚上就落后了，大人小孩都应勤奋学习以适应时代。今天的学习已经不仅仅是知识的获取，而是一种人生态度，是一种不断进取的人生态度。不学习就落后，学习不勤奋就意味着浪费和应付自己的人生。本来，每个人的学习能力和精力都是有限的，即使一刻不停地学习，也跟不上知识变化和更新的速度。如果再不勤奋学习，有可能沦落为当今学习型社会的边缘人。很显然，勤奋学习事实上是现代孩子的一种责任，孩子们应该不辜负家长、社会、国家的希望，做勤奋学习的孩子。

第二，热爱学习。郭沫若曾经说过："爱学习。爱学出勤奋，勤奋出天才。"毛泽东一生好学，少小热爱学习，勤奋学习，善于学习，博闻强记。他青年时期的刻苦学习精神更是远超一般人。他每天早晨很早就起床，冷水浴后就到自修室，高声朗读。毛泽东读书学习还特别认真，凡遇到重要的、精辟的地方，都要加圈或加点，许多地方都用黑、红颜色的笔加圈点、单线、双线、三角、叉子等各种符号，有时还在书页空白的地方写上自己的看法。毛泽东一生热爱学习，勤奋学习，他的床上摆满了书。他学习中国优秀的传统文化，学习先进的马列主义思想，创造了毛泽东思想。毛泽东的勤奋学习精神值得今天的孩子们学习。

第三，要有恒心。一个人短时间勤奋学习并不难，难的是长时间勤奋学习，更难的是一辈子勤奋学习，不懒惰厌学。明代学者胡居仁有一副自勉联："苟有恒，何必三更眠五更起；最无益，莫过一日曝十日寒。"毛主席早年在湖南长沙师范求学时，改写此联以自勉："贵有恒，何须三更起五更眠；最无益，只怕一日曝十日寒。"整联的主旨在强调一个"恒"字。既反对不顾身体健康的苦熬苦学，又反对一曝十寒的忽热忽冷。今日孩子也应以这幅对联自勉，坚持勤奋学习。只有坚持勤奋学习行为，才能养成勤奋学习习惯，当勤奋学习成习惯，孩子就会变得爱学、乐学。茅以升童年时学习有恒心，天天早上站在河岸边，背诵古诗文。身边风帆来往、渔歌阵阵，他都视而不见，充耳不闻，完全沉浸在知识的海洋中。这样日长天久，茅以升背了许多古诗词，同时也锤炼了自己的记忆力。一天，他爷爷抄写古文，茅以升就在一旁默记，等爷爷搁下笔，他竟能把爷爷抄的《京都赋》一字不漏地背下来。

第四，讲究方法。勤奋学习不是闷头读书，方法要活。学会略学。略学是学习入门的一种方法。任何知识载体，其中有重要的，也有次要的；有实用的，也有无用的；有精彩的，也有乏味的。因此，在学习之始，通过略读对知识载体的概貌有一个了解，以便分清主次、难易。

学会感知。人的五个感官产生五个感觉，即听觉、视觉、嗅觉、味觉和触觉。人的学习能力大多是感官综合协同作用的结果，而很少是单一感官的作用。

学会精学。精学就是仔细学习，反复学习。精学的目的是要掌握知识重点，攻克难点，深究疑点。难点，对每个人来说是不同的，通过略学以后，应当找出自己不懂的地方，这就是自己学习的难点。遇到学习中的困难，切不可绕过去，一定要下决心攻克它。学习困难像弹簧，人强它就弱，人弱它就强。最好是自己刻苦钻研，如果自己实在困难，可请家长、老师或同学帮助释疑，千万不要爱面子，不会装会。若那样做结果只能是害自己，到了考试或应用时，就会原形毕露，后悔也来不及了。要大胆多问勤问，不耻下问。质疑释疑是学习方法，也是学习的最高境界。孩子学习万万不可迷信书本上的知识，书本知识受作者观点的影响，还受到时代的局限，难免有错误。

学会记忆。记忆不是要求死记硬背。现在不少孩子不愿记忆，怕记忆是怕艰苦的表现，是思想懒汉。记忆力就像人的肌肉一样，越锻炼越发达，越使用越强健，甚至到老年仍然可以保持旺盛的记忆力。

勤奋学习是苦差事，但只要讲究学习方法，苦学加巧学，就可以苦中有乐，乐有收获，收获知识和宝贵的勤奋学习习惯。

★自我提升训练题

■自我评测

1. 战国人苏秦刻苦读书，每当欲睡，就拿锥子扎自己的大腿。汉朝人孙敬，勤奋好学，夜晚用一根绳子系住头发，另一头拴在房梁上拉直，瞌睡就会被绳子拉醒。后人将这两个故事合成一个励人勤奋学习的成语，成语就是下列词语中的（　　）。

A. 悬梁刺股

B. 囊萤映雪

C. 闻鸡起舞

D. 凿壁偷光

正确答案：A

2. 少而不学，老而无识谚语的意思是（　　）。

A. 年幼可以不学习，因为到老也用不着

B. 年少的时候不好好学习，老了就什么也不懂

C. 小时候不学习，老了无标示

D. 少学无碍，老而无用

正确答案：B

3. 元代画家和诗人王冕痴迷学习，七八岁的时候，寄住在寺庙里，他每天夜里坐在佛像的膝盖上，就着昏暗的长明灯读书，直到天亮。佛殿里的佛像，在昏暗的灯光下，显得格外狰狞可怕，可王冕一点也不害怕，原因是（　　）。

A. 他知道那些像是假的，不可怕

B. 灯光昏暗，王冕看不清楚塑像

C. 王冕全身心投入读书中，无心他顾

D. 王冕胆大

正确答案：C

■讨论分析

学习中有两种倾向都不好，苦熬苦学会影响身体健康，忽热忽冷则影响学习效果。请思考自己应该采取什么样的学习态度？

■实际体验

收集五条勤奋学习的名言典故，分析其中的精神实质，写一篇体会感想。

学以致用

学以致用是指学习知识要符合实际，学的知识要能在实际中应用，并懂得怎样去应用。即为了应用而学习有用的知识，不学习落后、腐朽的无用的知识，不学习脱离实际的空泛知识。这是学习的意义和目的所在。孩子只有明白学习知识和本领是为了长大后在工作和事业中应用，才有学习的动力，学了不至于无用。

学以致用包含学以致知。只有先学懂弄通知识，才能在现实生活工作中应用知识，因此，学习中要真正理解书本知识的含义，包括用途、用法，以及注意事项，并由浅入深地熟练掌握，熟能生巧地把书本知识和实际应用结合起来，再通过生活应用中遇到的新问题来学习新知识，形成学以致用、用以促学、学用一致、学用相长的良性循环。

学以致用包含在实践中学习。《本草纲目》就是李时珍在实践中学习的结晶。为了编著《本草纲目》，李时珍用了 27 年的时间，出行考察、上山采药、拜访有实际经验的人，历尽艰难，几乎走遍了湖北、湖南、江西、安徽、江苏等地的名川大山，行程不下万里，记录了大量实地考察采访笔记。同时，他又参阅了 800 多种书籍，经过 3 次系统修改，最终在 60 岁时完成了价值极高的《本草纲目》。全书共载药物 1892 种，附药方 11096 个，附图 1160 幅。被鲁讯先生尊为“史家之绝唱”的《史记》，与作者司马迁 20 岁开始的行程万里、广游天下有很大关系，一路考察研究的收获成为司马迁创作《史记》的第一手资料。

学以致用包含学以致“能”。现在社会更重视知识的运用能力，可是即使是我国最著名的大学，其毕业生在实践能力、时间管理能力、集体意识和纪律意识等方面仍有待提高。而“时间管理能力”不高和“集体意识”不强是不少用人单位反映的毕业生有待提高的方面。所以，孩子应从小注重综合素质和综合能力的培养。

学以致用包含学以致德。《光明日报》刊载的《2014 大学生就业率怎么样?》中说：“用人单位更在乎的是什么？个人能力、道德修养最受重视。”“用人单位对毕业生的个人能力、道德修养及面试表现比较重视，其次是学习成绩、实习经历、身体心理素质和性格特点等。对于性别、学校名气、学历层次等条件重视程度有所降低。”道德本是立人之本，现在社会如此重视，孩子从小如果忽视学以致德，可能影响就业，降低知识的致用性，甚至陷于所学无用的窘境。

学以致用不排斥博学。在时间和精力允许的情况下，尽量博学一些与自己学习目标不相同的知识，哪怕那些知识现在或短时间内用不上，作为备用也好。因为未来的人生存在变数，说不定会派上用场。2015 年 6 月，光明网转《无锡商报》消息《四成毕业生“用非所学”》，其中还提到 2015 年美国发布的一个调研，大学生毕业后仅有 27.3%的人最后做的是和大学所学专业相关的工作。而一些人不仅和自己的专业不相关，甚至南辕北辙。另外，各门知识相通，博学有助于融会贯通自己既定的“学以致用”的知识。所以，多学有好处。有一个孩子，他到大学阶段仍博学，有专业知识，还学会了多种市场应用技能，会建网站，会管理数据库，会进货，会开车，会 POS 机器的管理和维护，会“西点”的制作和销售，具备纯粹的本科生和单纯的技工不具备的综合优势，不愁就业。

为什么要培养学以致用的好习惯呢？

第一，学以致用是古往今来的求学之道。孔子认为，学习必须要有明确的目的，重点在于“学以致用”。学知识就要会用，用知识是学知识的终极目标。否则，不如不学。如果一个人“诵《诗》三百，授之以政，不达；使于四方，不能专对；虽多，亦奚以为？”意思是，熟读《诗经》三百篇，把政事交给他去处理，却不练达；派他出使各国，却不能独立应对。像这样读得再多，又有什么用呢？

荀子从正反两个方面说学用一致的重要性：“知之不若行之，学至于行之而止矣。”“知之而不行，虽敦必困。”意思是，学到了真知不如去应用，学问付诸应用也就达到了极点。学知识是为了“用”，学到知识而不会用，不能变成行动，再丰富的知识也无用，而且在实践过程中必将遇到重重困难。

宋代司马光说：“学者贵于行之，而不贵于知之。”这里是说“知”与“行”相比，应该更注意培养“行”（应用）的能力。学习的宝贵之处在于付之实行，而不在于仅知道知识。宋代罗大经更是强调：“学不必博，要之有用。”

古往今来，无数人注重学以致用，成为国家的有用人才。北宋人赵普读书范围仅限于《论语》，连前朝的制度都不知道。但他能学以致用，工作能力远超满腹经纶的朝野群臣，在“宰相须是读书人”的北宋时代，一生先后三次做宰相，成为杰出的政治家，“半部论语治天下”历史典故就源于赵普。

第二，学以致用是学习知识的需要。毛泽东说：“读书是学习，使用也是学习，而且是更重要的学习。”鲁迅说：“专读书也有弊病，所以必须和社会接触，使所读的书活起来。”宋诗人陆游说：“纸上得来终觉浅，绝知此事要躬行。”说明从书本上得来的知识不够完善，如果想深入理解其中的道理，必须亲自实践才行。据有关人员的资料，现实生活中，有的孩子读书不少，成绩优秀，但却不会使用。比如学校有时断电，需要自行检修的时候，能够排查断电原因、恢复“光明”的，恰恰是那些学习成绩不怎么好但动手能力很强的孩子，这些孩子平时学习联系应用，应用加深了学习，知识成为本领。而那些物理考试成绩优秀的孩子，面对停电却不知所措，平常学的电路知识发挥不出来，他们学的知识仍然停留在课本上。

第三，学以致用是事业成功的需要。人的本能是劳动，劳动是人的事业，而从事什么劳动事业就需要学习什么知识。一般来说，人在小时候就应根据社会的需要和自己的条件，大致确定长大以后从事什么事业，并学习能够用在自己既定事业上的相应

知识。人不能漫无边际地学习。因为知识浩瀚，更新迅速，加之现代竞争激烈，一个人的精力有限，必然先学自己需要、又能在社会上应用的知识。如果小时候的学习脱离自己既定的劳动事业，势必造成学非所用，进而影响自己未来事业的成功。

怎样培养学以致用的好习惯?

第一，营造家庭氛围。首先，家庭要认识到学以致用的重要性，认识到学非所用、用非所学、学用脱节势必学不好也用不成，误子误家。其次，父母要以身作则，接触益身益心益智的书籍和其他知识载体，并开展益身益心益智的家庭学习、娱乐活动，不接触无用的图书和信息载体。如果是在游戏中长大的青年父母，最好能为了孩子，停止电脑游戏，不打麻将，不参加成年人的无意义活动。现在有的父母习惯饭后捧一本书，伴一杯清茶，或端坐书桌前写作，孩子受到耳濡目染，看书、看电视节目、上互联网等，都会着眼益身益心益智，不接触低俗文化作品。另外，父母对孩子的提问要积极回答，如果不会可说明随后回答，表扬鼓励孩子的目的性学习行为。

第二，培养学习兴趣。学习兴趣能给孩子带来学习快乐，无兴趣的学习是苦涩的，也学不好，更谈不上学以致用。当前发展学习兴趣有利于创业致用。自主创业这一就业谋生方式将长期存在。现在，大学毕业生就业谋生就呈现“没有最难，只有更难”的局面。大学生就业人数 2013 年以来连年超过 700 万（2013 为 699 万、2014 为 727 万、2015 为 750 万、2016 为 765 万），而政府不包分配，国家经济社会发展又进入“新常态”，大学生就业难在若干年内将是常态。全社会近几年每年新增就业人数保持在 1300 万人左右，2016 年大约有 1500 万，社会需要自主创业。对于自主创业者来说，除了自己的志向和条件外，很大程度取决于个人兴趣爱好。所以，从小培养孩子学习兴趣，按兴趣发展孩子、发展和保持个性很重要，多一道知识就业的保险。相对于自主创业来说，学以致趣就是学以致用。另外，当前一些大孩子缺乏个性，需要发展个性。

第三，注重生活学习。生活中处处留心皆学问。陶行知主张生活教育，对孩子就是生活学习，生活学习不能粗心大意。孩子留心就是对生活现象多疑为什么，多思是什么，自己想不明白即问父母老师，只要留心观察，就能从生活现象获取知识。如科学家受蝙蝠启示，使飞机夜间航行。牛顿看到苹果掉他头上，发现万有引力。孩子天性敏思好问，父母一定要配合引导。

生活学习不排斥读书。读书也是生活，是学习生活。读书能增智，智慧生能力。初读好书如获益友，重读好书如逢故友，好书不厌百回读。联合国教科文组织曾经有一项调查显示：全世界每年阅读书籍最多的是犹太人，每人 64 本。其次是俄罗斯，每人 55 本。美国每人 21 本，日本每人 17 本。而中国 13 多亿人口，扣除教科书，平均每人不到 1 本。中国人太需要读书了。孩子太需要读书了。读书要选择好书，远离网络快餐式、无营养的读本。

第四，采用相应方法。一是带着问题学，活学活用，摒弃死记硬背方法。陶行知主张活读书，读活书。二是多动手，努力把所学付诸实践。比如孩子可根据学到的知识，结合日常生活中的实际问题，做一些小实验，搞一些小发明、小创造，既融化吸收知识，也学会实际应用。家长要激发孩子的创造热情，父亲要学习富兰克林的父亲，母亲学习爱迪生的母亲。三是注意积累知识。有积累才能学以致用。苹果 CEO 乔布斯曾经说过，苹果电脑外观弧线设计的灵感，最早来源于他读书时的一门关于画线条的课程，从中他学到了很优美的画线方法，后来就运用于苹果电脑及手机的设计中。乔布斯小时候的知识积累用在了苹果电脑上，是典型的积累所学以致用。

★自我提升训练题

■自我评测

1.“知之而不行，虽敦必困。”是（　　）所说。

A. 荀子

B. 司马光

C. 罗大经

D. 王安石

正确答案：A

2.“学以致用”的反义词是（　　）。

A. 学非所用

B. 用非所学

C. 学以实用

D. 学为所用

正确答案：A、B

3. 毛主席说：“读书是学习，使用也是学习，而且是更重要的学习。”这句话的意思是（　　）。

A. 只有使用才能学到知识

B. 实践就是学习，学习就是实践

C. 既要从书本中学习间接知识，更要注重在生活中直接获取知识

D. 实践决定认识

正确答案：C

■讨论分析

有一种说法：学以致用的观点具有显著的消极影响，理由是“功利性的‘致用’目的使学习脱离了追求真知的应有的轨道”。

请思考自己如何看待学以致用?

■实际体验

最近4年的全国国民阅读调查结果显示，我国国民人均纸质图书阅读量依次为4.39本、4.77本、4.56本、4.58本，对照自己目前的读书情况，制定一份读书计划按计划，每读完一本，写一个书面总结，读一年，看效果如何。

善于总结

总结是对前面所学知识进行回顾、整理、归纳、升华，进而把所学知识融为自己知识体系的学习行为。总结是学习活动的结尾程序，是学习知识的一个重要环节和重要方法。通过总结，可以使学得的知识得到强化，使模糊的知识变得明晰，使散乱的知识得到规整，同时还可以认清自身学习现状，为后续学习做铺垫。

善于总结就是根据科学的学习规律，及时、迅速、有效地总结自己的学习情况，使所学的知识成为自己的知识，使自己的学习方法不断完善，使自己的学习能力不断提高，并在总结中获得新的知识，而不是停留在前期学习的水平上。人生就是从小到大不断总结、不断提高的生命过程，有善于总结好习惯的孩子，在随时随地的具体学习中，知识丰富得快，提高迅速，可能成为大用之才。

为什么要培养善于总结的好习惯呢？

第一，善于总结可及时强化对知识的记忆。孔子说：“学而时习之，不亦说乎。”意思是说学习到的东西，要按时复习、实践。孩子经过一个时间或某一科目或某项活动的学习，会在头脑中留下或深或浅，或清晰或模糊，或完整或零散等相应的知识信息，根据遗忘规律，这些知识都会随时间的流逝而有所遗忘，遗忘速度最快的时段是 20 分钟、1 小时、24 小时，分别遗忘 42%、

56%、66%；2~31 天遗忘率稳定在 72%~79%之间；遗忘的速度是先快后慢。很显然，善于在所获得的知识信息退化、消失前，及时、迅速、努力地进行总结，会使所学信息得以固定和扎根，会使许多痕迹浅、印象不深的信息得以强化，减少遗忘。因为总结就是回忆追想和整理归纳、使已学知识再记忆和再强化过程。总结甚至能搜寻、激活那些微弱的、模糊的，许多被认为根本没记住或已经消失、遗忘的知识信息。

第二，善于总结可以深化对知识的理解。学习的目的，在于形成对所学知识的真正理解与完整把握，而真正完整、深刻的理解，是把书本知识和生活感受、体验等零星的认识，通过系统地梳理、串联、整合，形成自己的知识体系。具体到每一次学习行为或学习的某一时间，由于孩子小，必然会对其中一些知识有所理解和明白，对另一些知识感受模糊。随着学习的继续，孩子更多地接触知识和生活，理解的知识会越来越多，而不理解的部分也难免会增多，整体上澄清、理顺的难度也在加大。因此，善于及时迅速地回顾总结十分必要，能够使已经理解的知识及时深化，使不理解的知识及时转化为理解并固化。

第三，善于总结可温故而知新。孔子在教学上有丰富经验，提出了“温故而知新”的重要学习观点。然而，先前学习过的知识不会自动产生新知识，因为“新”知识的产生要依赖于人对所学知识的理解和理解基础上的领悟，而真正理解和领悟知识，不是一学就会的，是要善于总结融和才能达到。善于总结的人，能够及时、迅速、高效地消化吸收学过的知识，将其变为自己的知识，从而感知感悟出新知识。所以，从根本上说，只有回顾、整理、归纳、升华的总结性活学活用学习活动，才能酝酿出新知识。如果是单纯地机械地重温过去学过的知识，是“读死书、死读书”的重复性学习活动，新知识很难酝酿出来。

第四，善于总结可建立自己的知识体系。上进的孩子应从小培育自己的知识体系，知识体系如同一棵知识树，有根、主干、枝、叶、果实。个人知识体系不是自动形成的，是善于总结的结果。孩子学习是积累知识，对于学到的知识有两种处理办法：或随着学习无序堆积，或及时总结有序存放。两种知识存放形态在使用的时候出现两种情况：无序的知识不易找到，有序的知识得心应手。这种情况在学龄孩子考试的时候表现明显。因此，孩子在学习中，要善于及时梳理知识并进行归纳整理，形成自己的知识体系，建立一棵自己的知识树。知识浩瀚，人永远也学不完，但是善于总结，把所学知识变为自己的知识，这是完全可以做到的。各种知识有内在联系，有了自己知识体系，还可以起到举一反三、触类旁通的作用，可弥补无法学完所有知识的缺憾。善于总结还可提高孩子综合素质，总结一次，提高一步。每周总结，则每周进步。每月总结，则每月进步。

曾有学校老师平时过于强调积累，没有及时教给学生梳理知识的方法，认为到了高三专项复习时，再让学生进行归纳总结。后来悟出：以前所学欠缺及时梳理，高三梳理费时费力，应从高一引导学生总结。其实高一开始总结也已经晚了，因为学前时期、小学 6 年、初中 3 年是否有总结习惯，是否通过总结建有初步的知识体系不确定。所以，应该从小养成善于总结的习惯，才能有建立知识体系、循序渐进、不断完善的基础，从而培植一棵自己的知识树。现在很多孩子中的学习尖子，在一定意义上就是善于总结的尖子，他们知识消化转化快，应用能力强，提高也快。

怎样培养善于总结的好习惯?

第一，注重思考。善于总结是通过思考实现的。思考就是对接触到的知识求真溯源，弄明白是什么、为什么，不善于思考很难有真正的学习总结。台湾大学老校长傅斯年有一句名言：“一天只有 21 小时，剩下的 3 小时是用来深思的。”可见思考对学习的重要性。现实中，有的孩子学习很勤奋，读了不少书，参加不少集体学习活动和社会实践活动，但学习效果比较差，一个重要的原因是思考不够。或不善思考。世界首富比尔·盖茨很小的时候经常在自己的卧室不出门，他母亲觉得奇怪，就在他的卧室外大声地问他在哪里，比尔回答说："我在我的卧室里。"他的母亲又问道："你天天在你的卧室里干什么？"比尔说："我在思考，难道你们就不思考吗？"后来，比尔在短短的几年时间里创造了不可估量的财富，很显然，他的成就与他从小善于思考分不开。比尔·盖茨从小善于思考总结知识，善于发现别人发现不了的问题和新知识，天长日久，形成了自己的知识体系，奠定了他在软件王国的翘首地位。

第二，勤于笔记。孩子在总结中，经过回忆、思考、梳理，获得了比较清晰的知识，应当及时用笔记的形式记录下来，俗话说，好脑筋不如烂笔头。有了总结笔记，可以成为下次总结的基础，下次总结时便不必再从头总结了。总结笔记也可供平时查阅。经常翻看笔记，可以起到不断强化记忆、融会贯通知识的作用。现实中，会学习的孩子，大多都在平时做学习笔记的基础上认真做总结笔记。经过一次又一次的总结，总结笔记不断加厚，然而厚厚的书本却越来越薄，最后变成了自己知识体系中的几条知识干线。

总结笔记必须是自己总结的，而且要尽量简明，一目了然，自己认为掌握得好的可以从略，认为掌握不好可以适当详细。总结笔记是自己学习总结的结晶，不能完全照抄书本（书本精华摘要除外），不能照抄日常读书学习笔记和生活学习笔记，学龄孩子更不能照抄课堂听讲笔记，因为照抄只是重复，收效有限。总结笔记要妥善保管，备考时作参考，能使自己迅速启动知识网络，有些学龄孩子在考前往往只翻一下总结笔记就可以了，因为他考前已经付出了总结劳动。

苏霍姆林斯基三十年如一日，坚持撰写教育随笔，他的教育随笔融生动的教育故事和深刻的教育思考为一体，语言平易，娓娓道来，没有令人仰视的高深理论，没有深奥的教育术语，被后人称为"活的教育学"和"教育的百科全书"。

第三，坚持不懈。"总结"说着容易做着难，开始容易坚持难。但若能坚持下去，必有成效。若断断续续，则收效甚微。

知识总结。当日学习当日总结，总结的内容有很多种，可以是自己认为的重要知识点，可以是自己的新感悟，可以是琢磨的学习方法。一切对孩子有用的，有规律性的，都值得总结。

遇事总结。生活本身是学习，生活学习也需总结，遇事总结就是遇事善问为什么、是什么，明白前因后果。

定期总结。学龄孩子可根据学习进度做周、月、季、学期总结，即使学业很紧，在每周的计划里，也应保障拿出至少两小时的时间，把新的知识、新的问题及时归纳、梳理。

第四，家长引导。人的终身学习分为被动阶段和主动阶段。被动学习阶段也是被教育阶段，小孩子的学习是处在被动阶段。孩子被动学习阶段分为两个时期，一是模仿时期，二是启蒙时期。模仿时期是从最早的混沌状态开始，孩子这个时期的学习都是被动的模拟，是积累最原始人生能力的时期，是培养一生各种习惯的基础时期，即常说的“三岁看小、五岁看老”的时期。孩子模仿时期缺乏总结意识和能力，学习总结需要家长给予引导和帮助。孩子启蒙时期就是小学时期、初中时期，是学习基础知识的时期。孩子这个时期的学习总结由学校老师的引导和指导，如每门课程、每个单元，或一定学习阶段，甚至课堂上，老师都会归纳知识点，带领孩子进行学习总结，包括组织复习测验等多种总结形式。但是，由于孩子刚脱离模拟时期，正向启蒙时期过渡，特别是一二年级的小学生，仍然需要家长在课外时间帮助孩子总结学习，以配合学校老师。另外，孩子在家庭生活实践和社会生活实践中的学习活动总结，更需要家长继续给予必要的帮助。

★自我提升训练题

■自我评测

1. 温故知新成语见之于（　　）。

A.《论语》

B.《史记》

C.《东都赋》

D.《离骚》

正确答案：A、C

2. “读书之法，在循序而渐进，熟读而精思。”出自（　　）。

A. 王安石

B. 朱熹

C. 包拯

D. 宋仁宗

正确答案：B

3. 小学生课后的复习总结要选什么方法（　　）。

A. 回顾教师课堂讲授的内容及过程，明确复习针对性和目的性

B. 复习课本，加深理解

C. 整理笔记，以补充和修正，使笔记更系统完整，便于复习

D. 解决疑难问题，或查阅资料，或与老师家长同学研究解决

正确答案：A、B、C、D

■讨论分析

《论语》说："学而不思则罔，思而不学则殆。"意思是只是学习却不思考就会迷惑而无所得，只是思考却不学习就会精神疲倦而无所得。

联系自己学习实际，谈谈对学与思的认识。

■实际体验

一个月开一次家庭学习交流会，和孩子一起交流学习体会，坚持半年，看有什么效果，如果有好处，坚持下去。

第二章

做人好习惯

人生在世，就是做人。做人即遵循一定的人生规则与人相处和共事，时间一久，人便形成自己的做人习惯。做人规则有两条，一是法律，二是道德。依法、依德做人可以养成好的做人习惯，人有好的做人习惯就可能取得成就。因此，家庭教育要注重孩子做人习惯的培养，帮助孩子从小做一名遵守法纪和道德规范的人。法纪和道德有很多做人规定，家长可选主要内容，比如热爱祖国、孝敬父母、尊敬师长、谦虚好学、与人为善、诚实正直、善于思过、自强不息等，坚持不懈进行教育，避免孩子养成不良的做人习惯。

热爱祖国

热爱祖国是千百年来固定下来的对自己祖国的一种最深厚的感情。做人最大的事情就是要知道怎样热爱祖国。热爱祖国，就是热爱祖国大好河山，热爱历史文化，热爱各族人民，充满民族自尊心、自信心和自豪感，关心祖国前途和命运，以国事为己任，维护祖国的主权独立和领土完整，临难不屈，为国效力。

为什么要培养热爱祖国的好习惯呢?

第一，热爱祖国可加强个人、家庭与祖国利益共同体。“国家是大家的，爱国是每个人的本分。”家庭是国家的基点，个人是国家的一份子，祖国是个人、家庭所组成的大家庭。在祖国大家庭里，每个人、每个家庭都和祖国息息相关，不可分割。每个人在实现自身成长的同时，也为社会做贡献；祖国为每个人提供成长进步的外部环境和条件。个人成长离不开祖国，祖国的发展依靠个人和家庭的贡献。祖国和谐发展，个人发展的条件和机会就会越多越好，就会越利于个人完善自我，发挥潜能。“热爱自己的祖国是理所当然的事”。现阶段，我国是社会主义制度，国家属于人民，人民是国家的主人，祖国的命运就是自己的命运，公民热爱祖国，就是热爱自己的国家政权，热爱自己和家庭，热爱自己的幸福生活。

第二，热爱祖国是继承中华民族的传统美德。在中华民族五千年历史上，无论怎样艰难曲折，中华儿女总是怀有浓重的家国情结，坚守对祖国的忠诚和热爱，自强不息，精忠报国，使灿烂的中华文明绵延不绝。

第三，热爱祖国就是弘扬家庭美德。中国家庭美德中历来有热爱祖国的传统，“岳母刺字‘精忠报国’”是中国家庭自古爱国的典范。钱学森家和众多海外名家，在20世纪50年代，放弃外国的优越生活而历经磨难回到祖国，报效祖国，是当代中国家庭热爱祖国的最好说明，“岳家”和“钱家”的爱国故事广为流传，成为无数家庭培养爱国美德的经典教材。

第四，热爱祖国是做人的美德。爱国是个人实现人生价值的道德力量。中华儿女爱祖国，自古英雄出少年，中华历史上无数仁人志士一生爱国报国，是中华民族的脊梁。毛泽东、周恩来等就是其中杰出的代表，他们热爱祖国，少小投身救国救民，终于带领中国人民站起来了，为复兴中华民族建立了丰功伟业。少年毛泽东和少年周恩来的立志爱国故事一直被传扬。

第五，热爱祖国是践行社会主义核心价值观的自觉行为。中共十八大报告强调积极培育和践行社会主义核心价值观，并明确了社会主义核心价值观的内容，其中包括“爱国”的内容，公民必须恪守这一基本道德规范。

第六，热爱祖国是履行国家法律规定的公民神圣义务。《宪法》第二十四条第二款：“国家提倡爱祖国、爱人民、爱劳动、爱科学、爱社会主义的公德……”，《宪法》第五十一条至第五十五条中还规定了公民应有的国家职责和义务，公民必须遵行宪法。公民不分年龄大小，小孩子是国家公民，小孩子有热爱祖国的责任和义务。

第七，热爱祖国是人的精神情感需要。爱国可以增强个人和家庭的归属感，增进生活快乐感，培养“天下兴亡，匹夫有责”的责任感，增强为祖国振兴而奋斗的使命感，培养坚强意志，因为“一个人只要热爱自己的祖国，有

一颗爱国之心，就什么事情都能解决了，什么苦楚，什么冤屈都受得了” 。热爱祖国还可以获得荣誉感，因为人最大的荣誉是贡献祖国的荣誉，能够投身于祖国的事业，为祖国做出成就，这是最光荣不过的事情。热爱祖国也是人的安全需要，可以增加安全感。心中没有祖国，心里会空虚。人怀爱国情结，心里会踏实。有国才有家，国破家不存。日本侵略造成我国 3500 多万人死亡，数不清的家庭消失。每个中国人永远的家国感受就是做人应该爱国！

1950 年，数学家华罗庚放弃在美国的终身教授职务，返回自己刚刚结束战乱、百废待兴的祖国。归途中，他写了一封致留美学生的公开信，信中说："为了抉择真理，我们应当回去；为了国家民族，我们应当回去；为了为人民服务，我们应当回去；就是为了个人出路，也应当早日回去，建立我们工作的基础，为我们伟大祖国的建设和发展而奋斗。"回国后，华罗庚进行应用数学的研究，足迹遍布全国 23 个省份，用数学解决了大量生产中的实际问题，被称为"人民的数学家"。

华罗庚等爱国前辈的经历表明，受到社会赞颂的成功人士大都是具有爱国习惯的人，是真正热爱祖国的人。今天的孩子生活在安定幸福的环境中，没有家国动荡的感受，更要从小培养爱国之心。家长要创新培养爱国美德的方法和内容，培养爱国的孩子，创建爱国家庭。

怎样培养热爱祖国的好习惯?

第一，了解祖国，在了解中培养爱国习惯。知国才能爱国，"知国深"才能"爱国切"。了解祖国的过程就是培养爱国习惯的过程。通过了解祖国的过去、现在和未来，激励孩子珍重中华民族的光辉历史，相信中华民族将永远屹立于世界民族之林！

了解历史文化。在相当长的历史时期内，中华民族有五千年辉煌的历史文化。通过多种载体全方位学习了解，可以培养民族自尊心和自豪感，从而激发爱国心。比如汉字是世界上最古老的四大自源文字之一，也是其中唯一沿用至今的文字，所以有学者认为汉字是维系中国长期处于统一状态的关键元素之一，也有学者将汉字列为中国第五大发明。

了解祖国的大好河山。祖国河山美好壮丽，通过了解，可以增进地理知识，感受中华文化博大精深，从而激发爱国热情，培养热爱祖国的习惯。无数人亲身体验到：当置身名山大川中，爱国之情会油然而生。如凭栏岳阳楼上，便自然感动于范文正公“先天下之忧而忧，后天下之乐而乐”的伟大情怀。祖国如此美好，必然引无数少年竞折腰！

了解中华民族。我国有56个民族，在漫长的历史发展进程中，各族人民齐心协力，共同开拓了祖国的大好山河，共同创造了灿烂的中华文化，共同促进祖国绵延不断地发展进步，形成了谁也离不开谁的密切关系，融合成共同的中华民族大家庭。在社会主义现代化的今天，56个民族更加巩固和发展共存共荣的关系，共同推进中国的现代化进程。越是了解中华民族发展史，越是热爱伟大的祖国。

现在是信息化社会，了解祖国的途径很多，孩子可通过家庭、学校、社会媒介和互联网等方式了解，但要和第一手资料相结合。家长要为孩子了解祖国提供便利。

第二，立志报效祖国，在立志中培养爱国习惯。国内外历史人物，几乎都是从小立报国之志，而不是单纯的个人奋斗。陶行知很小就立志报国：“我是一个中国人，应该为中国做出一些贡献来。”此后他矢志不渝教育救国，为中国教育探索新路，被毛泽东称为“伟大的人民教育家”，被宋庆龄誉为“万世师表”，郭沫若称赞他“二千年前孔仲尼，二千年后陶行知。”几十年来，全国教育界学陶师陶长盛不衰。当前，家长可引导孩子了解自己的特长，把自己的愿望同祖国的需要联系在一起，把刻苦学习与祖国的发展联系在一起，使孩子明白学习不是纯粹为个人谋利益，更不是为了给父母增光，大的方面是为了祖国的富强和人民的幸福，从而引导孩子树立为振兴祖国服务的志向。

第三，学习报国本领，在学习中培养爱国习惯。孩子们学习的过程，也是爱国习惯培养的过程。当前，要学习爱国主义知识，学习爱国道德规范，学习爱国的相关法律规定，学习古今中外的爱国人物，学习科学文化知识，学习劳动知识，锻炼身体。孩子们通过学习多方面的知识，可进一步奠定爱国思想基础，培养爱国道德，德、智、体、美、劳全面发展，掌握建设祖国和保卫祖国的科学本领，长大后为祖国尽力。陶行知说过："小孩们用心读书，用力体操，学做好人，就是爱国。""今天多做一分学问，多养一分元气，将来就能为国家多做一分事业，多尽一分责任。"

第四，参加爱国活动，在爱国活动中培养爱国习惯。热爱祖国应该从小付诸实际行动，不能只是想想而不做。行动出真知，爱国行动培养爱国习惯。爱国不是空洞的口号，应该体现在爱家庭、爱学校、爱集体、爱社会、爱他人等具体的人、事上，从身边生活小事做起。爱国活动包括国庆节和其他国家重要节日纪念活动，以及平时家庭、学校、社会的升国旗、唱国歌活动等，包括义务性质的"为国出力"劳动、为其他个人、集体献爱心的活动、为公益事业志愿活动等，通过这些直接或间接的爱国活动，增进爱国意识，培养爱国习惯。

★自我提升训练题

■自我评测

1. 2012 年 9 月 11 日，日本政府购买钓鱼岛的闹剧激起海内外中华儿女的强烈义愤。海内外华人这种热爱祖国，具有高度的民族自豪感、责任心源于（　　）。

A. 中华民族精神

B. 对民族文化的认同

C. 正确认识了人和社会的关系

D. 对所有传统文化的继承

正确答案：B

2. “人民不仅有权爱国，而且爱国是个义务，是一种光荣。”说这话的人是（　　）。

A. 徐特立

B. 吴玉章

C. 谢觉哉

D. 李鼎铭

正确答案：A

3. “尽忠报国”最早出自下列中国古籍中的（　　）。

A.《北史·傅永传》

B.《北史·颜之仪传》

C.《宋史·王安石传》

D.《宋史·岳飞传》

正确答案：B

■讨论分析

中国人热爱祖国有几千年的传统，古今的爱国志士人们大都耳熟能详。外国人也崇尚爱国，俄国的普希金说过“我们要把心灵里的美丽的激情献给祖国”等。这说明热爱祖国是人类普遍公认的优良道德。

想一想，自己怎样热爱祖国？

■实际体验

收集五条中国名人的爱国名言，收集五条国外名人的爱国名言，进行对比，并和有关人员一起讨论：中华文明为何是世界上唯一未曾中断的文明？

孝敬父母

孝敬父母指子女对父母尊敬、敬重、爱戴、侍奉和赡养，特别是父母年老以后，儿女尽力在物质和精神上满足父母的需求，保证父母晚年生活幸福。孝敬父母也包括孝敬家里的长辈、亲戚，如孝敬叔、伯、娘、婶、姑、舅、姨和祖父母、外祖父母等，包括敬爱家里的先人。子女孝敬父母是家庭关系良好而稳定的一种表现。

孝敬父母表现为子女对父母亲爱与敬奉的情感与言行，主要是子女有孝敬之心、孝敬之言、孝敬之情、孝敬之行、孝敬之果。真正的孝敬父母是子女孝心真诚，语言恭顺，感情真挚，行为周到，效果良好。为此，子女孝敬父母应该做到五到位：心到、话到、情到、做到、做好。不能马虎潦草，敷衍应付。

孝敬父母的内容，不是物质生活上顾此失彼、缺东少西式的 “孝敬”，也不是仅满足吃、穿、住、用、行、医等方面的孝敬，是指物质生活和精神生活上全方位的孝敬。在物质生活相对丰富的今天，年老父母容易精神孤寂，往往更需要精神孝敬。

为什么要培养孝敬父母的好习惯呢?

第一，孝顺父母是自然法则。人都从出生、幼年到老年，自己孝敬父母，自己年迈以后获得自己子女的孝敬，个人和家庭却是如此繁衍发展。孝敬父母也是孝敬自己，不孝敬父母是违背自然法则，也是不孝敬自己。

第二，孝敬父母是子女对父母的感恩回报。在自然界，小羊羔尚跪乳羊妈妈，小乌鸦都反哺鸦妈妈，更不用说有思想有感情的人。孝敬父母是人的本性和本能。父母给子女生命、养育子女成长，子女敬爱父母，具有天然合理性。然而，在一定意义上，子女是难以对等回报的，这在我国最早的一部诗歌总集《诗经》中有表述："父兮生我，母兮鞠我。拊我畜我，长我育我。顾我复我，出入腹我。欲报之德，昊天罔极。"意思是父母生我养我，拉扯我长大，呵护备至，吃苦受累，我想好好报答，但父母的恩情如天一般，大而无穷，怎么报答得完呢！既然子女难以完全回报父母的大恩大德，更当怀有孝敬之心，尽心尽力孝敬父母。不孝敬父母违背人伦。

第三，孝敬父母是中华民族传统的美德。在中华传统道德范畴，孝敬父母居首要地位，《增广贤文》中说"百善孝为先"。孝敬父母是中华民族道德的基础和核心，是中华民族文化的精髓和珍贵财富，是人们实践道德的起点。中国孝敬父母的道德有漫长的化育历程和丰富的积淀，绵延并维系了中国家庭、社会和中华民族的团结发展。中国第一部古典文集和最早的历史文献《尚书》明确记载了"孝"，《诗经》中有"率见昭考，以孝以享"文字，古籍《周易》也涉及"孝"。《论语》中有 19 处论孝。孔子编纂的《孝经》，更是以"孝"为中心，集中阐述了"孝"道德，指出"孝"是所有道德之本，提出人的所有行为中，唯行"孝"最大。中国人几千年来代代相传孝敬父母，作为 21 世纪的子女，应当继承中华民族孝敬父母的优良传统，而不能中断中华孝道德。

第四，孝敬父母是整个家庭美德的根本。在中国，无论时代怎么变迁，各个家庭孝敬父母的道德始终不变，黑格尔曾说："中国纯粹建筑在这一种道德的结合上，国家的特性便是客观的家庭孝敬。"黑格尔说对了，凡是流传下来的家训都有行孝的内容，如颜氏家训、朱子家训等。当今中国更重视"家庭孝敬"，各地纷纷开展"孝道家庭"评选活动，模范孝道家庭大量涌现。作为 21 世纪的年轻父母，肩负孝敬父母和教育子女行孝的双重责任和义务，当作孝敬父母的模范，做子女孝道德培育的好老师。

第五，孝敬父母是做人美德，是所有做人道德的根本。历史上，从皇帝到平民都争做模范孝子孝孙。如汉代黄香，年方9岁，恰母亲生病，他一直不离左右，母亲去世后，对父亲更加关心照顾。夏日炎热，他用扇子扇父床，凉席驱蚊，让父亲安寝；冬日严寒，他以身暖热父亲被窝后，才招呼父亲温暖入睡。他的孝行传遍华夏，号称“天下无双，江夏黄香。”也是在汉代，汉文帝践行孝道，为母亲亲尝汤药，被后人编进24孝的故事。汉文帝还推行孝道

治国方略，开创了汉世“以孝治天下”的模式。今天，人们仍然把孝敬父母当作评价人、识别人、交往人的基本标准，人们普遍敬重有孝心的人，皆知孝敬父母是做人的根本美德，不孝敬父母就是缺德，缺德之人无法交往共事。因此，当下的家长，要着力培养子女的孝敬父母习惯。

第六，孝敬父母是人类共同的美德。2007 年，世界首富比尔·盖茨接受意大利《机会》杂志记者采访，在回答“最不能等待的事情是什么”时说：“天下最不能等待的事情莫过于孝敬父母！”中国人自古把孝敬父母放在优先位置，今天的西方有识之士把孝敬父母看作最不能等待的事情，这表明孝敬父母是中外同心。也许正是西方人把孝敬父母排第一位，西方诞生了感恩父母的父亲节、母亲节。是的，比尔·盖茨是今天孩子的偶像，他的孝敬父母美德也值得孩子们学习。

第七，孝敬父母是国法规定的责任和义务。《宪法》第四十九条有明文规定：“成年子女有赡养扶助父母的义务。”“禁止虐待老人。”《婚姻法》也规定“子女对父母有赡养扶助的义务”。1996 年，我国制定了《老年人权益保障法》，其中第二章是“家庭赡养与扶养”，详细规定了子女对父母应尽的衣、食、住、行、医等全方位的赡养义务。所以，孝敬父母就是遵行法律规定的义务，不孝敬父母违法，不常看望老人也违法。

怎样培养孝敬父母的好习惯？

第一，父母自身带头孝敬父母。保持对父母的爱和敬奉心情，要体现在日常生活中。曾有调查显示，100 位老人见到后辈儿孙时，有 91 人表情愉悦，面带微笑。而 100 位儿孙遇见长辈时，有 46 人板着面孔，脸色冷淡难看；有 41 人平淡无情，无动于衷；只有 13 人笑脸相迎，问寒问暖，情意融融。当今供养老人吃穿不难，难在精神抚养老人。面见父母时和颜悦色，经常和父母沟通，说父母想听的，听父母要说的。发现父母说的确有不妥，避免争执，择机劝导，让父母内心得到满足。外出要让父母知道，适时发信息、打电话向父母汇报。锻炼身体保持健康，努力学习，好好工作，不违背道德，不违法乱纪，保持洁身自好，不让父母为自己担忧。与父母分开住时，常带孩子一起回家看看，笑脸送上问候和温暖等，父母的孝行对孩子养成孝敬父母的习惯有潜移默化的作用。

第二，学习孝敬父母的知识。孩子需要学习孝敬父母的知识。由于曾经一段时间社会缺乏孝道德的教育，所以现在的年轻父母也需要学习孝道德，以便更好地孝敬父母，更好地培养孩子的孝道德习惯。学习内容包括中华古代传统孝道德精华、西方现代孝道德积极成分、我国新时期孝道德、国家相关法律、现在社会孝子榜样、自家孝敬父母的传统等。学习方法可灵活多样，原则是共同学习，共同进步。还可参加社会上“孝道家庭”“孝道模范”评选活动，这是展现孝道家庭和孝子孝孙形象的机会，是家庭互相学习和交流孝敬父母经验的极好机会，对孩子修养孝敬父母习惯有促进激励作用。

第三，给孩子提供孝敬父母的机会。现在独生子女家庭中，常常可以看到一种现象：吃过饭后孩子放下碗筷就出去玩耍或看电视了，父母却在餐厅厨房里忙碌着收拾洗涮。家里有好吃的东西，父母总是先让孩子品尝，孩子却很少请父母先吃。发现孩子不适或生病，父母马上忙前忙后，极尽所能关照，而父母身体不适，孩子缺乏关照问候。这种现象与父母溺爱孩子有关系。其实，孩子做家务，直接减少父母的劳累，是实实在在的孝敬父母的行为。父母和孩子一起做家务，可以培养亲子感情，融洽亲子关系，是培养孩子孝敬父母美德的好机会。父母可带领孩子共同做家务。

第四，孩子自觉孝敬父母。孩子孝敬父母的习惯要靠自己养成，孩子平时可自觉主动增进孝敬父母认知，增进孝敬父母意识，了解父母为自己和家庭付出的劳苦，了解得越具体，就越是珍惜自己的生活，从心底产生对父母的感激和敬重，做到心中想着父母，体谅父母的辛劳，听从父母的教导，关心父母的身体健康，分担父母的忧愁，参与家务劳动，不给父母添乱。孩子可根据自己的年龄、能力、学习情况，从小事做起。比如当父母有病时主动照护，当父母下班回家时主动问候。每年的父亲节、母亲节，给父母送礼物表示感恩，等等。孩子孝敬父母的习惯是在父母的鼓励中养成的，因此，父母对孩子的每一个孝敬行为，都应给予鼓励。

★自我提升训练题

■自我评测

1. 孝敬父母就要（　　）。

A. 尊重父母，热爱父母，回报父母

B. 理解父母的心意

C. 关心父母的健康，体贴父母的辛劳

D. 分担父母的忧愁，不向父母提过分的要求

正确答案：A、B、C、D

2. 孝敬父母是中华民族的传统美德。下列说法正确的是（　　）。

A. 有经济收入才有能力孝敬父母

B. 孝敬父母是参加工作以后的事

C. 未年老的父母不需要子女孝敬

D. 孝敬父母贵在把父母放在心上

正确答案：D

3. 下列行为中属于孝顺的表现是（　　）。

A. 如果父母触犯了法律，子女帮助逃脱责任

B. 如果父母做出了不道德的事，子女委婉劝阻

C. 对父母的孝顺，就是对父母百依百顺

D. 孝顺父母就是指永不违背父母的意思

正确答案：B

■讨论分析

古人说，树想静下来可风却不停吹动它，子女想要好好孝敬的时候老人却已经不在了！岁月过去了便不能追回，亲人逝去后想见也见不到了。孔子以此语告诫弟子们引以为戒。

谈一谈这句话其中的道理。

■实际体验

收集、整理从自己出生到现在每一年和爸爸妈妈的合影（每年至少一张），然后配上文字，制作成册（电子版也可），在自己或爸妈生日的时候送给爸爸妈妈，以纪念并感谢父母的养育之恩。

尊敬师长

“师长”是对教师的尊称，也指年长资深有知识的人，泛指社会上有德行才能的人。尊敬师长就是对“师长尊崇、敬重”，并对道德或地位比自己高、年龄或辈分比自己长的人的尊敬。尊敬师长的本质是尊重知识、尊重人才、尊重教育、追求真理、崇尚正义。尊敬师长包括尊重“师长”的人权、人格、知识，接受师长传授的学业，顺行师长的教育，等等。

尊敬师长对于孩子来说，主要是尊敬学校老师，尊敬家庭和社会长辈。也包括尊敬同伴、同学。“三人行，必有我师”，同学在学习上常常互相请教帮助，实质是互为老师，习惯说法是“团结同学”。孩子养成尊敬老师、长辈和团结同学的习惯，终生受益。

为什么要培养尊敬师长的好习惯呢?

第一，尊敬师长是做人的根本。人与人之间本来应互相尊重，何况师长。幼儿园和学校老师，全方位爱护和教育孩子，是世间除了家长以外，对孩子恩情最大的人。老师像父母一样关心孩子，不辞辛劳，不求报偿，无私奉献，给孩子传授知识和做人的道理，可以说，社会上只有老师能像父母一样关爱孩子。古人说：“一日为师，终身为父。”天涯海角有尽处，人间师恩无穷期。孩子应该像尊敬父母一样尊敬老师，接受老师的教育。孩子尊敬师长就有了做人的根本。无数人一生保持尊敬师长的习惯，不论多大年龄，不论走到哪里，总是不忘师长为自己传道、授业、解惑，总是怀念、敬爱和感激师长，愿为师长做力所能及的事情。

老师有红烛品质，燃烧自己，照亮孩子；老师有黄牛品德，勤恳教“子”，任劳任怨；老师有人梯精神，让孩子踩着肩膀向上攀登。老师的做人品德，值得孩子们一生学习。

第二，尊敬师长是弘扬人间美德。凡是有道德有礼貌的人都尊敬师长。毛泽东堪称尊敬师长的榜样。毛泽东是开国领袖，地位高，工作忙，他始终尊敬自己老师。1959 年，毛泽东回到故乡韶山，请韶山的老人们吃饭，亲自把老师让在首席，亲切敬酒，表达敬意。毛泽东青年时代听过徐特立先生的课。当徐特立 60 寿辰时，他特意写信祝贺。信中说：“您是我 20 年前的先生，您现在仍然是我的先生，将来必定还是我的先生。”

第三，尊敬师长是孩子成长的需要。无论多么伟大的人，都不是生而知之、无师自通。即便是学而有成的人，也是有所不知、有所不能。有了问题，请教老师或请教其他智者，不能横眉竖眼，应该恭恭敬敬。如果颐指气使地与师长相处，师长自然难以高高兴兴地提供帮助。所以，尊敬师长可以亲近师长，建立良好的师生关系，进而促进自身学业进步和全面成长。现实中，上学不尊敬老师的孩子，通常大多成为差生；尊敬老师的孩子，很多都是好学生、优秀学生。

第四，尊敬师长是孩子应该履行的法律责任和义务。《教育法》第四条中有规定：“全社会应当尊重教师。”这条法律包括孩子。教育部几十年来颁发了几个版本《小学生守则》《中学生守则》《小学生日常行为规范》《中学生日常行为规范》，其中都有“尊敬师长”条文。守则是从大处着眼，对学生思想品德形成和行为习惯养成提出了基本要求，规范是从小处着眼，从行为习惯养成入手，提出具体的、操作性较强的要求，孩子应当遵行。孩子不尊敬师长是违法和违反守则的。

怎样培养尊敬师长的好习惯?

第一，家长要带头尊敬师长。家长是否有尊敬师长的习惯对孩子影响很大。现实中，家长尊敬师长可熏陶孩子尊敬师长，反之，会对孩子有负面影响。尊敬师长家庭的孩子，在学校一般更亲近老师，更相信老师，对于老师的要求，他们都会努力去做，老师当然也更爱他们。

为了孩子成长，家长必须率先尊敬老师。家长要检查自己尊敬师长的习惯，好则保持，差则改进，并在居家生活中表现出来，以熏陶孩子。当孩子进幼儿园起，就要从言语和行动上教育孩子。

第二，理解师长，珍爱师恩。理解是尊敬的前提，孩子和家长首先要理解所有的师长都值得尊敬，至少是师长的经历和经验可供孩子参考。特别要理解学校老师对孩子传授知识和教导成长的爱心和辛劳，应该特别珍爱师恩。要理解世上无完人，老师是人不是神，老师如果有个别不足或失误，是正常现象。也许有时候老师比较严厉，但出发点是教“子”心切，并无恶意，并非恶行。也许有时候老师一下子回答不了某个别问题，那只能说明人都是“专知”而非“全知”，并不是老师无知，老师仍然是帮助孩子掌握更多知识的恩人。某大学一位老师上课乡音重，极个别同学就暗地里嘲笑，学说老师的乡音，上课也不认真听讲。可是大部分同学明白自己是来学习老师的学识而非乡音的，仍然尊敬老师。结果，尊师的同学们都学业有成，而嘲笑老师乡音的同学则学业有误。

理解师长可利用课堂听讲、平时交流、请教问题、接待老师家访、拜访老师等方法，理解会对老师油然而生敬意，敬意往往会变为尊敬老师的具体行动。

第三，学习尊敬师长的知识。我国尊敬师长的思想理论知识非常丰富，指导一代又一代中华儿女尊师重教，今天的家庭和孩子要想很好地尊敬师长，同样需要学习这些知识。没有尊敬师长知识的指导，尊敬师长很难习惯性地坚持下去。尊敬师长的知识包括从古到今尊师道德规范，如有关文献中大量存在的名人论述、故事、诗词、歌赋等。现代各种体现尊师道德的散文、白话诗、歌曲、戏剧、影视等，更通俗，适合孩子学习。还要学习现行法律法规的尊敬师长规定，学习国家颁发的中小学生《守则》和《日常行为规范》，进一步认识尊敬师长的必要性。家庭学习可以寓教于乐，形式多样。

第四，尊敬师长注重行动。尊敬师长习惯需在行动中培养，孩子对待老师要有礼貌，见了老师要问好。上课认真听讲，积极回答老师的提问。课堂上如有疑问，先举手征求老师的同意，而后再请教。课后独立完成作业，日常则遵守幼儿园或学校的各项纪律。对待老师分配的任务，要积极主动地完成。不论在什么地方犯了过错，要虚心地接受家长、老师和他人的教育批评。家长要积极参加老师组织的活动，与老师保持联系，适时征求和接受老师对孩子的评价、意见。家长还要及时表扬孩子尊敬师长的表现，激励孩子养成尊敬师长的习惯。

★自我提升训练题

■自我评测

1. 课堂上，甲同学提醒乙同学注意听讲别继续讲话，老师误批甲同学课堂讲话。甲很委屈，可以采用的正确做法是（　　）。

A. 记在心中，以后上课故意与老师作对

B. 选择恰当的时机，主动找老师解释清楚

C. 有意疏远老师，避免发生冲突

D. 让其他同学去向老师说明情况

正确答案：B

2. 融洽的师生关系是学习的良好条件，作为学生应（　　）。

A. 认真听课，尊重老师的劳动

B. 学会与老师坦诚交流

C. 关心老师的身体健康

D. 少提问题，不给老师添麻烦

正确答案：A、B、C

3.“吾爱吾师，吾更爱真理。”当老师讲课出错时，以下做法中不正确的是（　　）。

A. 合理地给老师提出意见和建议

B. 私下里与老师交流看法

C. 课后写纸条给老师指出错误

D. 当面指出，使老师难堪

正确答案：D

■讨论分析

随着信息技术的突飞猛进，现代社会中孩子获得知识的途径日益多样。

请思考计算机远程教育与网络信息技术能不能取代老师?

■实际体验

找几个小朋友，座谈交流一次各自老师的行为或趣事，以及各自的感受，然后根据大家交流的情况，写下自己对老师的最新感受，征求老师的意见。

谦虚好学

谦虚好学含义丰富，主要指虚心学习不自满，持续学习；喜爱学习，学而不厌；专心致志学习，不分散精力；遇到问题，虚心向他人请教；听到别人批评，诚恳感谢和接受；遇到别人前来讨教，诲人不倦。一般来说，谦虚好学之人往往品德良好，有真才实学；骄傲自大之人大多品德较差，学识浅薄。谦虚好学的人生意义在于谦受益，满招损，唐代魏征曾言："自满者，人损之；自谦者，人益之。"明代王阳明说过："谦者，众善之基；傲者，众恶之魁。"为此，家庭应普遍重视培养孩子谦虚好学的习惯。

为什么要培养谦虚好学的好习惯呢？

第一，谦虚好学是学习知识的客观需要。自然知识和社会知识浩若烟海，无量无边；个人知识十分有限，少之又少；现在又是知识社会，知识爆炸，时时更新，个人的有限知识随时面临落后、被淘汰。在不断增进和更新的浩瀚知识面前，无论谁学识多少，都微不足道，都应该谦虚好学，都不应该自满弃学。谦虚好学如逆水行舟，不进则退。宋代欧阳修说"书有曾经我未读"，明代张岱说"学海无边，书囊无底。世间书怎读得尽"，唐代韩愈有诗"书山有路勤为径，学海无涯苦作舟。驾舟行船奔大海，收藏海中学无边"。古人的意思是说：古今书籍不可胜数，学问的海洋无边无际，学也学不完，人对知识的学习是永远没有止境的。成年人要谦虚好学，孩子们接触的知识更少，就更应该谦虚好学。

第二，谦虚好学是孩子成长的法宝。孩子年龄小，正是综合素质锻炼成长的时期，唯有谦虚好学，才能学到足够的知识和本领，成才做事。战国时期，秦国12岁少年甘罗，自告奋勇，不用一兵一卒，说服赵王自动把几座城送给秦国。西晋末年，13岁的女孩荀灌主动请缨，带兵冲出重围讨来救兵解除宛城之围。三国曹植10岁左右已读了许多诗赋，能诗善文到七步成诗的境界。唐初王勃6岁能写诗作文。他们都是综合素质超强的孩子，他们之所以少小成才，都因幼小就谦虚好学。当今少年谦虚好学成才的例子更多，比如每年众多的高考上榜生，几乎个个都是谦虚好学的孩子。

第三，谦虚好学是学会做人的基本条件。《楚辞·卜居》说："尺有所短，寸有所长，物有所不足，智有所不明，数有所不逮，神有所不通。"意思是人都各有长处，也各有短处，彼此都有可取之处，没有一个人全是优点，也没有人全是缺点。生活中可以发现，人无论多么出色，也不可能全是优点，而看上去十分普通的人，也必然有不少长处。既然任何人都可以成为老师，任何人在世做人处事都要善于拿别人的长处弥补自己的短处，否则无法与人很好地相处。要做到取人长来补己短，前提是谦虚好学。骄傲自满的人难以看到自己的不足和别人的长处，也就谈不上学习别人的长处。所以，为了学会做人，孩子也应该培养谦虚好学的好习惯。

第四，谦虚好学是不断进取的必要条件。北宋江西金溪人方仲永是个神童，长到5岁时，指物能诗，立刻完成，诗的文采和道理都有值得欣赏的地方，第一首诗以赡养父母和宗族团结为主旨。本县人们非常惊奇，渐渐地都以宾客之礼对待他的父亲，有的人花钱买方仲永的诗。方仲永父亲认为有钱可赚，于是不让孩子学习了，每天带领孩子四处拜访。由于中断学习，方仲永十二三岁时作的诗已经不能与他的名声相称了。又过了7年，他的才能消失了，和普通人没有什么区别了。方仲永的天赋比一般人优秀很多，因为后天的家教不当而自满弃学，最后蜕变为平凡人，方仲永的退化实例，警示孩子和家庭，天赋再好，也要谦虚好学；如果本来天赋一般，更要谦虚好学。

怎样培养谦虚好学的好习惯?

第一，树立谦虚意识。孩子要养成谦虚好学的习惯，首先要树立谦虚意识。谦虚是好学的前提，好学是谦虚的必然。谦虚指虚心，也指谦逊、自谦、谦让等，具体指个人不夸大自己的能力和价值，即使有能力、有信心，在付诸行动之前或行动中，也能够主动向他人请教或征求意见。一个人只有谦虚，才

能明了自己不是全能的，并能在求学、做人、做事中经常看到别人的长处，从而向书本等各种知识载体、他人和生活实践学习。古希腊著名思想家教育家苏格拉底说过：“谦逊是藏于土中甜美的根，所有崇高的美德由此发芽滋长。”宋代《省心录》中说“知不足者好学”。因此，孩子和家庭要重视谦虚意识的培养。毛泽东对谦虚好学和自满厌学讲得更明白：“学习的敌人是自己的满足，要认真学习一点东西，必须从不自满开始。对自己，‘学而不厌’，对人家，‘诲人不倦’，我们应采取这种态度。”毛泽东说学习“从不自满开始”，就是从谦虚开始。毛泽东还强调：务必保持谦虚谨慎。

第二，把握谦虚好学的时代特征。谦虚好学美德在不同时代有不同的特征，现在是社会主义市场经济时期，家庭和孩子要培养现代的谦虚好学道德习惯，不宜完全按照以往时代的道德习惯培养。自然经济状况下，谦虚好学更多地表现在忍让、听命、内敛和含蓄，恭顺而不外露，不张扬，不表现自我。许多文人宁做隐士，不做明星。社会主义计划经济时期，谦虚更多地被人们理解为顾大局，识大体，维护集体利益，牺牲个体需求，毫不利己，专门利人。不注重个性和个体利益，更多注重少说话、多干事、干实事，做无名英雄。

现在实行社会主义市场经济，党和国家以人为本，把家庭建设看作是国家建设的基点，大力推进家庭建设，大力发挥家庭作用，发挥人的个性。由于市场经济的竞争环境，也迫使人们积极参加竞争，勇于宣传自己，敢闯敢试敢创新，敢为人先，这种人性的张扬是时代的要求，已经成为社会时尚，那种含蓄、内敛、不露才的做法早已不符合时代需求。现在的谦虚好学习惯应该更多体现自立、自尊、自信、自强，自我创新发展，在此基础上，谦虚地学习一切。

第三，自觉坚持虚心学习。现在是竞争社会，任何人都在奋斗前进，客观上没有多余的时间和精力去指导他人，即使是父母和老师也有自己的事情要做，所以，孩子必须从小自觉谦虚，坚持好学，时间久了，自然成习惯。孩子可虚心在生活中学习，在读书中学习，广泛学习自己需要的一切。生活中的学习要善用观察法、自省法、感悟法，通过联系自身观察人、事、物，透过现象悟本质，触类旁通提高自己。

第四，把握谦虚好学的度。过分的谦虚不是美德，是假谦。要么是心口不一的伪谦，嘴上敬重别人，心里瞧不起别人；要么是逃避责任的逃谦，该自己承担的责任或能力范围之内的事务，以自谦来推脱；要么是自卑性质的卑谦，认为自己一无是处，什么都不如别人。假谦虚的人，不大可能真正好学。正确把握谦虚好学的度，就是不自卑弃学，不自满厌学，不伪谦假学，不逃谦避学，在谦虚学习中学会思考，学会接受，学会改变，适时宣传自我，恰当展现自我，积极发展自我。自谦是必要的，但展现个性更重要，不展现自己会埋没自己。孩子应该相信自己有能力，自己最棒，自己能够做好一切！

★自我提升训练题

■自我评测

1.《伤仲永》的作者是（　　）。

A. 包拯

B. 王安石

C. 朱元璋

D. 张居正

正确答案：B

2.“三人行，必有我师”出自下列古籍中的（　　）。

A.《论语》

B.《道德经》

C.《孙子兵法》

D.《史记》

正确答案：A

3. 骄傲自负的人往往失败，这是因为（　　）。

A. 不能把自己摆到恰当的位置上

B. 错误地低估别人，过高地估计自己

C. 听不进别人善意的批评与忠告

D. 意志过于坚定

正确答案：A、B、C

■讨论分析

谦虚好学是做人的美德，人只有谦虚才能好学，自满的人难以好学。

请思考自己是否谦虚好学？

■实际体验

每周记录自己的三个优点、三个缺点以及身边人的一个优点，并做成表格或写成日记，以发现自己的优势并保持，寻找自己的不足并改善，向身边人学习。至少坚持一个月，看看自己有什么收获？

与人为善

“与人为善”是中华成语，出自孟子之口。孟子认为：伟大的舜帝总是与别人共同做善事，有德之人就要与他人一同做善事，与人为善是有德之人最大最重要的善行，是人类文明道德的最高境界，与人为善也是道德修养的最重要行为。所以，与人为善的原意指与他人一同做善事，而且是有德之人的最重要的善行。后来随着时代的发展，与人为善的语意有了引申和发展，现指以善意的态度对待和帮助他人，为人着想，乐于助人。长期以来，与人为善一直是家庭和孩子重点培养的道德习惯。

为什么要培养与人为善的好习惯呢?

第一，与人为善体现人的善良本性。三字经说：“人之初，性本善。”因为人性向善，当存善之人看到别的人需要帮助时，会很快伸出援助之手，尽力帮助，尽本能释放自己的善性。

第二，与人为善也是施善于自己。有一个过时的故事，蕴含着永远不过时的与人为善的道理：瞎子打灯笼，照亮别人更照亮自己！很早的时候，一位盲人晚上出门总是打着灯笼。别人觉得奇怪，上前问他：“你是盲人，反正看不见路，为什么还要打着灯笼走路呢?”盲人回答说：“夜晚没有灯光，怕互相碰撞，所以打着灯笼。”路人感叹：“原来你所做的是为别人!”盲人认真回答："我打灯笼故然不是为自己照亮道路，是为了给别人照亮道路，同时也让他们能看见我，这样他们就不会撞到我了！"这个故事启示世人，与人方便也是于己方便，与人为善也是于己为善。

第三，与人为善可营造和谐的人际关系。良好的人际关系很重要，可是，良好的人际关系不是自然形成的，是人主动营造的。主动营造人际关系的方法莫过于与人为善。生活中，张三善待李四，李四加倍善待张三，这样良性互动，和谐的人际关系随之建立。如在家庭与人为善，善待家人，则家庭和睦。在集体与人为善，善待同伴或同事，则形成互相爱护帮助的集体关系。如果与人为恶，肯定不能建立和谐的家庭关系和外部人际关系，只会被人抛弃。

第四，与人为善增进生活幸福感。人受助得幸福是肯定的，然而"施善者更有福"。美国纽约州立大学的研究人员曾经发现，与人为善的好处远不止给人以温暖，施善者对他人给予帮助还能保护自身的健康，延年益寿。这项研究为期 5 年，有 846 人参与，当面对压力时，在前一年帮助过他人的人的抵抗力比未曾伸出援手的人要强。压力包括患上重病、遭遇抢劫、失业、经济困难或失去家庭成员等。研究对象在过去 12 个月中有过助人为乐的行为，内容可以是开车送人、替人跑腿、帮人买东西、做家务、照看小孩等，受助者包括朋友、邻居或不住在一起的亲属。

生活中，与人为善也增进精神幸福感。胸怀善心的人，往往会朝积极的方向去畅想和努力。做善事的过程，会升发人性善意，升华人的心灵，精神快乐。

怎样培养与人为善的好习惯？

第一，学习与人为善的道德知识。只有知道与人为善，才能在生活中与人为善，从而形成习惯。为此，要学习与人为善的道德知识。与人为善道德内容十分丰富，国内外的伦理学、哲学、儒学、佛学等各有特色，家庭、孩子可以先普遍了解，然后重点掌握核心内容，边学边做。

哲学、伦理学（道德学）对与人为善的定义严谨、深邃而又抽象，家庭和孩子可作一般了解。如伦理学认为，在被动个体自我意识出于自愿或不拒绝的情况下，主动方对被动个体实施的任何一项有益的精神、物质、语言、行为都是与人为善。

道学对与人为善说得清楚明白，道学集大成的著作是《太上感应篇》，该书融合了较多的民族传统思想，旨在劝善，被誉为“古今第一善书”。该书1200多字，列举了26条善行和170条恶行，树立了善人形象，该书今天仍不难读懂，易于实行，比较适合家庭和孩子学习。

佛家与人为善有“十善法”：一不杀生，二不偷盗，三不邪淫，四不妄言，五不绮语，六不两舌，七不恶口，八不悭贪，九不嗔恚，十不邪见。其中前“三不” 代表善行为，中“四不” 代表了善语言，后“三不”代表善思想，佛家十善一看便知，很容易理解。

学习与人为善的道德知识还可以了解外国人的善言善行，充分认识与人为善是人类的共识。如古希腊思想家苏格拉底的善学思想。

当前要学好社会主义善学理论，如社会主义核心价值观中的“友善”内容。

第二，胸怀善心善意。从心理学上说，善心善意是与人为善的内在动因和本质，与人为善是善心善意的表现形式。善心善意不是凭空在人脑中形成和产生出来的，而是人的本来善性在后天的学习实践中修养巩固起来的。因此，家庭和孩子要在学习、实践善道德的行动中培育善心，凝聚善意。

对不同的人，善心善意也有不同。对父母、老师和帮助过自己的人，胸怀感恩的心意；对待邻居和同伴、同事，胸怀友爱的心意；对待偶尔相遇接触的生人，胸怀普善心意；对于过失犯错之人，怀着人道心意；对于自己，怀着自尊、自爱、自信的心意。当一个孩子每天对所有人怀有善心善意的时候，他的与人为善的习惯也接近形成了。

第三，自觉行善。自觉行善就是主动自愿地说善言、做善事，这是与人为善的实际行为。从大的方面说，与人为善是实行对社会绝大多数人有益、有用、有好处、有帮助的言行，从小的方面说是实行对他人（非恶人）有益、有用、有好处、有帮助的言行。善行不分大小，动一善念即行善，凡是节省一滴水，节约一粒米，给周围的人一个方便、一个微笑、一声问候都是行善，行善很容易，只要我们每天动善念，随缘而行，就能轻松做到。

善行应从身边人做起：对父母尽孝顺，无违无逆；对兄弟尽友爱；对夫妇尽敬爱；对子女尽教爱，使其为良为善，不任意娇惯；对邻居尽和睦善待；对朋友尽信义；对部属尽慈爱；对公事、私事尽心竭力，做生意则以本求利，不以假货哄骗别人；等等。通过这样由近及远地与人为善，孩子就可以习惯性地做下去，逐步成为积善之人，进而促进家庭成为积善之家，积善之人必有福分，积善之家必有余庆，孩子、家庭相映生辉。

第四，真诚付出不求回报。与人为善是单方面自愿的真诚付出，是不求回报的助人行为。行善求回报是功利性的利益交换，是“与人伪善”。“与人伪善”不能培养与人为善的习惯，甚至可能危害与人为善习惯的培养。因为伪善是为了回报，一旦在预期时间得不到回报，心理上会感到失落、怨恨，这样就很难继续与人为善。当前社会上存在与人伪善现象，孩子和家长要防止受到污染，坚持与人为善的动机，真正树立起真诚付出不求回报的行善理念，培养真正的与人为善习惯。

与人为善有时会被人误解，只要于心无愧，大可坦然面对，自我劝解，忍辱负重，不后悔，不后退，坚持行善，坚持下去便成习惯。

★自我提升训练题

■自我评测

1.“君子莫大乎与人为善”，意思是有德之人最大的事是与人为善。出自下列书籍（　　）。

A.《论语》

B.《增广贤文》

C.《孟子》

D.《荀子》

正确答案：C

2.“换位思考，与人为善”的实质在于（　　）。

A. 团结友爱、做事公正

B. 宽容他人、迁就自我

C. 想人所想、理解至上

D. 严以待人、宽以待己

正确答案：C

3. 善良的行为必然不图回报。如果怀着一己私利去做一些看上去善良的事情，那就不是真正的善良。这表明（　　）。

A. 与人为善就要是非分明

B. 只有伟人才有善良之心

C. 善良是无私的

D. 帮助他人能体验生命的快乐

正确答案：C

■讨论分析

中华民族向来与人为善。乐善好施，善恶分明，一直是我们这个民族的主流形象。

请思考自己与人为善做得怎么样？

■实际体验

每个人都会受到爸爸妈妈、老师同学、亲朋好友的帮助，每月选择一个帮助过自己的人，为他（她）亲手制作两张感恩卡，写上他（她）让你感念的一件事，以及你对他（她）发自内心的祝福，然后一张送给他（她），一张留给自己。坚持一年，我们将送出12张卡片，同时自己也积攒下12张卡片，看一看我们是不是也收获了12份快乐与幸福呢？

诚实正直

诚实正直，是全人类共同追求的美德，是古往今来人类的共同价值。我国自古以来非常重视诚实正直，我国第一部编年史集《左传》里说：“信，国之宝也。”《孟子》也有言：“诚为天道，思诚者为人道也。”

为什么要培养诚实正直的好习惯呢?

第一，诚实正直是为人之本。孔子说：“人而无信，不知其可也。”里根也曾说过：如果你正直，这比什么都重要；如果你不正直，什么也都无关紧要。

北宋人晏殊，素以诚实正直著称。少年时，当地官员将他以神童举荐给皇帝。晏殊 14 岁来京考试时，发现试题自己不久前练习过，于是就如实向皇帝报告，并请求改换其他试题考自己。皇帝赞赏晏殊的诚实品质与才华，赐他“同进士出身”，授予官职，留京深造。晏殊当职时，正值天下太平，京城大小官员便经常到郊外游玩或在城内的酒楼茶馆举行各种宴会。晏殊家贫，无钱出去吃喝玩乐，只好在家里读书写作。有一天，真宗提升晏殊为辅佐太子读书的官员。真宗告诉大臣们说：“近来群臣经常游玩饮宴，只有晏殊闭门读书，如此自重谨慎，正好可以教太子学习。”晏殊谢恩后说：“我其实也是个喜欢游玩饮宴的人，只是家贫而已。若我有钱，也早就参与宴游了。”这两件事，使晏殊在群臣面前树立起了信誉，宋皇帝也更加信任他了。

第二，诚实正直是交友之道。朋友建立在诚信的基础上。孔子认为交朋友要交益友，而益友的定义则首推正直：“交友有三益，友直，友谅，友多闻。”朋友之间，只有以诚相待、言而有信，才能推心置腹、亲密无间、互信互帮。巴菲特择友首重正直，他说：择友应重点考察三项特征：正直、智慧、活力。如果不具备第一项，那后面两项会害了你。很多人选错恋人或合作伙伴，都与忽视“正直”这一关键项有关。

第三，诚实正直是立业之基。再大的事业，一旦失去诚信，必然覆灭。2008 年的“三鹿事件”不仅葬送了三鹿公司，还引发了国内奶粉信任危机。美国安然公司曾经是世界上最大的能源、商品和服务公司之一，曾名列《财富》杂志“美国 500 强”的第七

名，曾连续六年被《财富》杂志评选为“美国最具创新精神公司”。然而，安然公司却长期财务造假，丑行暴露以后，这个拥有上千亿美元资产的公司迅速破产。

第四，诚实正直关乎国家兴衰。商鞅“立木为信”强盛秦国的故事早已天下皆知，而早商鞅之前400年，在同样的地方，却曾发生过一场令人啼笑皆非的“烽火戏诸侯”的闹剧。闹剧的主角是周幽王和他的宠妃褒姒，周幽王为博取宠妃一笑，下令在都城附近20多座烽火台上燃起烽火——烽火是边关报警的信号，只有在外敌入侵需召集诸侯前来救援的时候才能点燃。诸侯们见到烽火，纷纷率领大军匆匆赶到，褒姒终于开心一笑。5年后，西夷太戎大举攻周，幽王烽火再燃，而诸侯无一理睬，结果幽王被逼自刎，褒姒被俘虏。商鞅“立木取信”，变法成功，国势强大；周幽王昏而无信，戏弄诸侯，身死国亡。

第五，诚实正直是快乐之源。诚实正直的人光明磊落，胸怀坦荡，相应则心情舒畅，精神愉快，生活自然快乐。而虚伪狡诈的人，因一句谎言需要更多句谎言来维持，所以总是担心谎言被别人揭穿，或担心被自己坑害过的人报复，终日寝食难安，精神痛苦，生活快乐不起来。所以古人早有总结说“君子坦荡荡，小人常戚戚”“平日不做亏心事，半夜不怕鬼敲门”。

怎样培养诚实正直的好习惯?

第一，从小事做起，塑造值得信赖的人生名片。一个人在他人眼中的形象可以通过本能的判断、了解感知和别人评价等多方面获得。例如当我们通过朋友引荐，即将结识一位教授，那么我们在尚未见面时就会通过自我经验的判断认为这个教授应该是学识渊博之人。同时因朋友提到教授家中养了一只泰迪犬，我们心中会判断教授是一个有爱心的人。见面时，教授准时赴约，我们又对教授留下了守时的好印象，综合起来，教授的形象就越来越清晰。把教授的点滴小事汇集在一起，渐渐就会形成这个教授是否值得信赖的基本判断。同理，我们只要从身边的每件小事做起，我们就可以塑造出一张最有价值的、无形的人生名片。

第二，守时。身边的小事不一而足，其中最容易帮助自己建立信誉的就是守时。恪守与他人约定的时间，不仅是对他人的尊重，也是个人的基本修养。无论是什么样的约会，只要我们遵守“提前5分钟就是准时”的守时法则，长此以往，就会给你带来难以想象的好口碑：一个懂得守时的人，起码是个靠谱的人。

第三，不随便承诺。古人云“轻诺必寡信”。那些经常动不动就夸海口或向他人拍胸脯的人，往往失信于人。因为 “海口”本来就不实，就是不负责任的随口一说，并没有诚意去落实，也根本落实不了。我们不应随便承诺他人，在承诺之前充分考虑各类因素，给自己留有余地，一旦答应的事，就全力以赴、言出必行。这也就是人们常说的：高调做事，低调做人。

第四，见利不忘义。君子爱财，取之有道。违背诚实正直原则的利益，我们不应受其诱惑，而应当远离。我们每个人在面对各种利益的时候，只要把握一个原则即可：这个利益是否正当（合理合法），是否涉嫌牺牲大多数人利益，争取达到义利统一。

第五，不和缺乏诚信、品行不端的人交往。正所谓“近朱者赤，近墨者黑”，不和缺乏诚信、品行不端的人交往，不仅可以防止受其影响和伤害，也可以和诚实正直的人共同倡导诚信、公平、正义的社会风气，促使那些不讲诚信、虚伪欺诈之徒难以生存，从而改过自新。

★自我提升训练题

■自我评测

1. 某高校某届某班毕业生共52名，在求职简历中，却出现了38名“班长”，17名“学生会主席”，引起了社会和用人单位的质疑。对于这一现象正确的看法是（　　）。

A. 毕业生制作简历不诚信不足为怪，因为人的本质都是自私的

B. 简历掺水并没有直接损害他人利益，属于个人的正当行为

C. 诚信是公民起码的道德，缺乏诚信将导致社会陷入信任危机，所有人都将成为受害者

D. 社会竞争环境存在某些不公平现象，部分学生简历掺水值得同情

正确答案：C

2.“不以规矩，不成方圆。“自愿、平等、公平、诚实信用是在市场交易活动中必须遵守的规则和根据。一位顾客在美国“SNA”商场看到一架德国名牌钢琴标价只有其他店的1/10，当机立断要买。当售货小姐发现标价有误而请示经理时，经理寻思片刻决定“卖”。不仅卖，而且亲自驾车，披红挂绿，为顾客送到家搬上楼。一时间许多顾客为商场的“大家风范”所感动而跑来购物，该商场名声鹊起，生意兴隆。“大家风范”体现的是（　　）。

A. 商家以盈利为目的

B. 商家以扩大销售额为目的

C. 遵循了诚实信用的原则

D. 遵循了公平、自原的原则

正确答案：C

3. 下列说法正确的是（　　）。

A.“做老实人，办老实事”是无能的表现

B. 诚信做人体现在一点一滴的小事之中

C. 在任何条件下，我们都要做出诚信的选择

D. 要做到以诚待人，就可以不尊重他人隐私

正确答案：B

■讨论分析

有人认为，经济越落后的地区和国家，在金钱和利益的诱惑之下，不诚实的比例越高。

请思考这种认识对不对？

■实际体验

选择自己最为要好的两个朋友（最好是同学或者同事），共同做一个游戏：如果有人上学（上班）迟到，迟到的人每次需给另外两个人各捐 10 元钱。如果是相互间约定的活动，迟到成本翻倍。执行一个月，三人一起讨论一下这个游戏对自己的生活产生了什么样的变化？如果觉得有意义，继续做下去。

善于思过

善于思过就是善于自我反省来省察自己的言行，目的如明代朱熹所说：“日省其身，有则改之，无则加勉。”朱熹话中的“省”就是“思过”，反省自我的过错，也称“自省”。自省是自我意识能动性的表现，是行之有效的德行修养的方法。现代心理学认为，自省不仅是一种优秀的品德，更是一种使人走向幸福的能力。心理学把自省定义为通过自我意识来省察自己言行的过程，也就是自我评价、自我反省、自我调控和自我教育。

孔子告诉我们“人非圣贤，孰能无过”，自身有不足、有过错并不可怕，任何人都会犯错，有过错是非常正常的事，关键是我们对待过错的态度和方法。“过而改之，善莫大焉”，能够改过自新，就是进步，就是成长，就是大善。而“过而不改，是谓过焉”，看不到或不能正确地看待自己的不足和过错，或者明知有错，却不坦然面对它、改正它，甚至将其当个性、当特色，这才是真正的过错。

孔子又说：“过则勿惮改。”明知有错，但又无勇气去承认它，以自欺欺人的方式忽略它、无视它，这种自负的行为是成功的绊脚石，这种人难以由失败中得到教训，难以真正从失败中解脱出来。而以坦然的心面对错误，必能客观分析错误的缘由，找到改过的方法，并转化成将来行事的经验，这才能不断成长，也是成功的要诀。

自省也不是一味地盲目自责。自省是积极的、建设性的，是往更好的一面积极引导自己的思想言行。所以自省不仅限于自我批判，也包括自我肯定。发现自我的过失和客观了解自我的优势都是一种能力，自省能力好的人表现为意志力强、个性独立、喜欢独处、善于学习、善于思考、积极乐观、自信自强。而自省能力差的人自我价值感很低、不知道自己的人生目标、不太留意自己日常的感觉、时常担心亲近的人会不喜欢自己、不喜欢一个人生活、有时会有虚无感、觉得没有真正活着、经常为一些小事不安、患得患失。所以我们要善于思过，我们不仅身处逆境时要自省，身处顺境时更要自省，在自省中总结过去，立足现在，规划未来。

善于思过并承认过错不是自卑，也不是自弃，而是一种诚实勇敢的态度，一种锐意进取的智慧。纵览古今中外，善于思过的人比比皆是，善于思过对个人的益处有很多方面。

为什么要培养善于思过的好习惯呢?

第一，善于思过可助人成长。一个优秀的人之所以优秀，是因为他们具备认识自己不足并不断改正自己不足的能力。这种能力并非与生俱来，而是在学习、成长的过程当中，通过认识自我、不断反思而逐步形成的。古希腊哲学家伊壁鸠鲁有一句名言："认识错误是拯救自己的第一步。"古罗马哲人塞涅卡对这句话解读为：一个人要是尚未认识到自己在做错事，他是不会有改正错误的愿望的；在改正错误以前，你得发现和承认自己犯了错误。唯有如此，及时反省，我们才能将自己从过失和失败中拯救出来。我国古代的思想家曾子也说"吾日三省吾身"。看来，先哲们早已将自省当作一种自觉的行为了，他们所推崇的"自省意识"，千百年来一直作为精神财富施惠于人类。

第二，善于思过才能善于改过并受人尊重。过也，人皆见之；更也，人皆仰之。自省是一种智慧，改过则是一种勇气。古今中外，之所以碌碌无为者多、伟大卓越者少，就是因为兼具智慧与勇气者少。而真正能够思过改过的人就是具备了智慧和勇气的人。知错就改的人更容易得到别人的信任，更容易赢得真正的朋友，更容易得到他人的尊重；反之，不懂得自省、不知道承认错误的人既无法得到他人的谅解，也无法让他人真正信服，更妄谈尊重了。晋代的周处少时横行乡里，乡人把他同老虎、蛟龙并列为“三害”，后来他幡然醒悟，决心改正，做了不少好事。人们于是开始尊敬他，称赞他，周处后来成为一代名将。

第三，善于思过可引领事业成功。仅仅自省思过是不够的，思过之后的改过才更重要。1995 年，面对互联网的机遇与挑战，

微软公司一位董事曾向比尔·盖茨建议涉足互联网，比尔·盖茨却坚持微软不涉足互联网领域。其后，许多员工反对比尔·盖茨的决定。在微软众人的一致反对下，比尔·盖茨花大量时间重新认识和理解互联网产业，最终承认自己此前的决定是武断和错误的。闻过则改，比尔·盖茨亲自撰写了著名的《互联网浪潮》，专门组建了互联网发展团队，并把许多优秀员工调到相关部门，也因此取消和削减了许多与互联网无关的产品。那些曾经直言劝谏的员工不但没有受到处分，而且还被委以重任，逐渐成为公司重要部门的管理者。结果，微软公司很快成了互联网领域的领跑者。

怎样培养善于思过的好习惯？

第一，优选良师。在人生路上，能遇见一个真正博学多闻、德才兼备的师者，并能经常帮助自己思过，指出不足，给予赐教，是人生最为宝贵的财富，而若想结识这样的师者，就要靠我们平日的积累，得良师从交益友开始。在交“益友”方面，孔子提出过益友的标准：“交友有三益，友直，友谅，友多闻”。自己要在朋友圈中发现、寻找一位或几位值得尊敬的、能够及时指出自己的缺陷和不足、指引自己前行的“良师”。这样的良师除了可在学识上教导人、在人犯错误时能点醒之外，还可以在为人处世的原则、看问题的眼光和应对突发事件等方面有所指点。三人行必有我师，选择这样的“良师”时，不必局限于自己的父母、老师和领导，而要更多地选择那些与自己没有直接的隶属和利害关系的人，因为后者能更加客观地对自己提出批评意见。

第二，闻过则喜。闻过则喜，是古人所说的君子之道，是善于思过之人对待别人批评建议的正确态度。孔子的学生子路常常“人告之以有过则喜”。今人听到别人指出自己的过失或缺点也应该高兴，因为我们看到了自己进步的机会和方向。思过自修不能闻过则想法掩饰。孔子说：“小人之过也必文。”这里的“文”指掩盖，辩解。文过饰非，不仅不能认识缺点、克服缺点，反而会造成新的过错。在圣人看来，这是小人之所为。

第三，闻过则改。人认识过错只是“思过”第一步，接下来就要勇于面对过错，改过自新。承认并改正错误需要勇气，而一旦我们改正自己的缺点，得到的就是进步和赞扬。

春秋五霸之一的齐桓公有一次独自出城赏雪景，因醉酒失态摔倒在地，头上的帽子也飞出很远，桓公起身后因醉而未觉察，没戴帽子跌跌撞撞回到宫中。那时候衣冠不整是非常大的失礼之举，更别说是君王了。沿途百姓及王宫守卫都看到了他的窘相。第二天，酒醒之后的桓公意识到自己是醉酒丢帽回宫，深以为耻，在后宫躲了三天没有露面。老躲着也不是办法，后来他采纳宰相管仲的建议，用改过的好政策洗刷这种耻辱，三天后，齐国大街小巷开始流行这么一首歌谣：“齐桓公，爱喝酒。贪了杯，帽子丢。不上朝，自觉羞。听谏议，发粮油。减了刑，放了囚。老天爷，多保佑。齐桓公，帽再丢！”

第四，思过不能自暴自弃。不知思过可怕，不正确思过同样可怕。有些人一旦做事失败或遭受打击，从此就一蹶不振。还有些人则走到另一个极端，将自省等同于严苛的自责，他们对自己求全责备，这只能助长自卑的心理，不仅于事无补，还会加深内心的苦痛。“善于思过”是为了自立自强，思过既不等同于自怨自艾，也不是求全责备，它是精神层面上的反省，是对灵魂的追问。反省和追问之后，我们还需振奋精神，改正自新，一句话，思过思出新自我！

★自我提升训练题

■自我评测

1. 养成自省习惯的好方法是（　　）。

A. 坚持天天长跑，磨炼自己的意志

B. 选择相关的名言、警句和格言，作为自己的座右铭

C. 坚持天天记日记或静静地回忆和思考

D. 树立自己心目中的榜样

正确答案：C

2. “见贤思齐，见不贤而自省。”说的是（　　）。

A. 向贤者学习

B. 看到别人的长处或短处时想想自己

C. 批评“不贤者”

D. 尊重贤者

正确答案：B

3.《世说新语》记载：晋代周处年少时，为害乡里，得知自己被人们所痛恨后，改过自新，成为一个有修养的人。周处的故事告诉人们（　　）。

A. 周处的过错容易改正

B. 有过错的人，即使改过自新，也难以受到人们的尊重

C. 有缺点、有错误并不可怕，下决心改了就好

D. 有一些缺点、错误不要紧

正确答案：C

■讨论分析

有人说，现在的社会，太多的人得寸进尺，你一旦承认了过错，他们就会将所有的责任和后果推卸给你，所以有了错也不要轻易认错。

对于这个观点，请谈谈你的想法。

■实际体验

制作一个自己的“沉思录”，每个月的月底总结、评价自己这个月的成功、失败之处以及原因，并写下来，同时也写出改进计划，供下个月对比沉思，如此坚持一年，看看有什么收获？

自强不息

自强不息，出自《周易》“天行健，君子以自强不息；地势坤，君子以厚德载物”，意思是，天上的日月星辰不断运行，刚强劲健，君子要效法天，不懈努力、不停地自我奋发图强；大地的气势宽厚，孕育江河山川，君子应取法地，不断修养美德来承载万物。“自强不息，厚德载物”被认为是中华民族的民族精神。

自强不息，指人们效法天地，在学、行各方面不断去努力。自强不息还有自立自强、心怀天下，面对困境坚持不懈，永不言弃的含义，历史上这样的例子很多。

周文王在被囚禁期间推演出《周易》；孔子一生不得志而作《春秋》；屈原被放逐，写成了《离骚》；左丘眼睛失明，有《国语》传世；孙子被斩双足，毅然编著了《孙子兵法》；韩非被囚于秦，有《说难》《孤愤》传世；《诗》300 篇，大都是圣人贤者奋发不屈的作品；司马迁遭难，著成《史记》。

这些先贤在坎坷境遇中，为人类做出了重大贡献，靠的就是自强不息。今人要学习古代先贤这种面对困境、自强不息的精神。人生就是创造幸福，当遭遇烦恼苦闷时，自强不息更是自福自乐的精神力量。

为什么要培养自强不息的好习惯呢?

第一，自强不息有助于树立积极的人生观。康熙年间，贵州巡抚刘荫枢回故乡韩城探亲，看到乡亲们进城赶集被濡水河所挡，来往很不方便，想用一生的积蓄为家乡建一座桥。但是子女却坚决反对："你当了一辈子高官，我们却没有沾到一点光，好不容易盼到你回家，你应该将这些钱财留给我们才对。"

刘荫枢很伤心，他觉得自己虽然一身清白，但忽视了对子女的教育。于是，他用尽积蓄，历时五年，修成大桥。桥修好后，他对子女说："我之所以用全部积蓄修桥，就想用事实告诉你们，自己的路自己走，自己的生活自己创，靠天、靠地，不如靠自己。"

此时，他的子女们还是很不平衡，都在琢磨着等父亲走后在桥上收费。为了彻底消除孩子们依赖父母的心理，他以二两八钱银子，将桥卖给了韩城二十八里村社，并对子女们语重心长地说："我造桥是为了家乡父老，现在卖桥却

是为了你们！许多人做官敛财，致使儿孙骄奢淫逸，最终堕落成纨绔子弟，这是我不愿看到的，你们能够自强不息，这才是我要送给你们最宝贵的精神财富。”刘荫枢的所作所为终于深深打动了他的子女。他的孩子日后都成了国家的栋梁之材。

第二，自强不息有助于树立正确的价值观。从当前社会现状来看，大多数家庭是独生子女家庭，孩子在父母的资助甚至是庇护下，似乎无须自强不息也可生活无忧。但舒适且毫无压力的生活环境容易让孩子滋生享乐主义、好逸恶劳，缺乏危机感和责任感，缺乏抗压能力，造成生存能力差。有研究人员通过对大量“富二代”问题少年的调查发现，许多年轻富二代的生存能力之所以差就是因为生活过于安逸，父母所提供的生活保障使得他们后顾无忧，从而放松要求，自我膨胀，甚至有些孩子最终走向灭亡。古今中外，靠贪图享乐、奢侈腐化而成就大业者闻所未闻。相反，历史上因骄而奢、由奢而亡的例子，却数不胜数。所以，大爱是爱，小爱是害，真正有远见卓识的父母，是一定不会纵容自己的孩子贪图享乐、不思进取的。自古雄才多磨难，从来纨绔少伟男！所以孟子说：“生于忧患，死于安乐。”

第三，自强不息有助于坦然面对挫折。万事如意是人人都希望的事，然而在现实生活当中，由于各种原因，人生不可能事事顺心，人生既要有对理想的憧憬，也要有应付不幸的准备，这样才能使自己在各种条件下都不停步、不迟疑，坚定地走下去。面对逆境，自强不息正是激励人勇往直前的法宝。

第四，自强不息是人活出尊严、活出精彩、活出价值的必备品质。美国NBA 有个小个子球星——博格斯，身高只有 1.6 米，在即使身高 2 米都嫌矮的NBA 里显得十分矮小。但这个矮子可不简单，他是 NBA 表现最杰出、失误最少的后卫之一，不仅控球一流，远投精准，甚至在高个云集的赛场上带球上篮也毫无畏惧。

博格斯从小就长得特别矮小，但他非常热爱篮球，几乎天天都和同伴在篮球场上练球。当时他就梦想有一天去打 NBA，因为 NBA 的球员不只是收入奇高，而且也很风光，是所有爱打篮球的美国少年最向往的地方。每次博格斯告诉他的同伴“我长大后要去打 NBA”时，所有听到他话的人都忍不住哈哈大笑，有人甚至笑倒在地上，因为他们“认定”，一个 1.6 米的矮子是绝不可能打 NBA 的。同伴的嘲笑并没有动摇博格斯的志向，他用比一般人多几倍的时间练球。功夫不负有心人，通过不断地努力，博格斯终于成为全能的篮球运动员，也成为 NBA 球场上一颗闪亮的明星。

精诚所至，金石为开。自强不息的精神是每个人获取成功的必备品质。有了自强不息的精神，就会产生信心，排除千难万险，突破人生的困厄走向成功、走向精彩。

怎样培养自强不息的好习惯?

第一，内心强大而不唯我独尊。法国诗人雨果曾说过，世间有一种比海洋更大的景象，那便是天空；还有一种比天空更大的景象，那便是内心的活动。自强不息是首先相信自己、肯定自己、坚持自己，但并非是只看到自己而目中无人。换句话说，就是我们要自信而不自负。

第二，目标明确。人生因为目标而有了去处，就像一艘在黑夜里航行的船，需要靠灯塔来指引方向，才不至于在茫茫大海里迷航。《大学》中说过：“知止而后有定，定而后能静，静而后能安，安而后能虑，虑而后能得。”这里的“止”就是我们的目标。

第三，永不抱怨。在日常生活当中，不少人习惯发牢骚、抱怨他人。然而，要想养成自强不息的习惯，要想远离失败，我们必须学会欣赏他人，而非抱怨。当人抱怨时，按照“吸引力法则”，人会产生负能量，这样会引起更多令人不快的事。而当我们欣赏别人的优点时，我们会发现更多值得欣赏的东西。

第四，全力以赴。要么不做，要做就全力以赴！这是一个成就卓越非常重要的习惯，也是一种人生态度。有人探访研究过许多杰出的人士，他（她）们大部分都提到过全力以赴实现目标的经历，只要我们养成这样的习惯，自然也就掌握了自强不息的要领。

第五，坚持自强。自强的意志在于磨炼，自强的习惯在于坚持。古语“行百里者半九十”提醒我们，做事越接近成功越困难，越要坚持不懈。为培养自强不息的习惯，孩子们可坚持进行一项体育运动。体育运动可以增强我们的体能，更能锻炼我们的意志，例如跑步、游泳、登山等，选择一项适合自己的运动每天坚持，无论身、心，都会变得更加强大！还可请身边的亲朋好友督促自己，如有可能，也可邀请他们一同参与自己的“自强不息”计划。一个人走，可能很快，但一群人走，可以更远。

★自我提升训练题

■自我评测

1.自强不息不仅是一个人的优良品质，而且已成为中华民族的民族精神与民族品格。下列能体现自强不息的典故、名言有（　　）。

A.富贵不能淫，贫贱不能移，威武不能屈

B.愚公移山

C.先天下之忧而忧，后天下之乐而乐

D.士不可以不弘毅，任重而道远

正确答案：A、B、D

2.自强精神表现在方方面面，下列选项属于自强表现的是（　　）。

A.自尊自爱，不卑不亢

B.勇于开拓，积极进取

C.坚定志向，执著追求

D. 孤注一掷，不顾一切

正确答案：A、B、C

3. 在遇到困难时，自强精神表现为（　　）。

A. 望难兴叹，停滞不前

B. 望风而逃，退缩害怕

C. 稍作尝试，遇难则退

D. 迎难而上，百折不挠

正确答案：D

■讨论分析

自强不息是中华民族的优秀民族精神，可也有人说，自强不息已经过时了，懒惰才是推动社会发展的动力。因为人们懒得走，人类发明了马车、火车、汽车；因为人们的懒惰，人类发明了洗衣机、电话和手机；正是因为人们的懒惰，人类放弃了原始狩猎，离开了农田，甚至现在懒得去商场而在网上购物……

仔细想想，自强不息真的过时了吗？这些“懒惰”的行为该如何理解？

■实际体验

给自己制定一项健身计划，每天或者每周坚持，可以邀请好朋友或家人共同参与，并彼此督促，坚持100天，看看有什么收获？

第三章

做事好习惯

做事是指从事某项工作或者处理某件事情。做事习惯是指从事工作学习或者处理日常事务中逐渐形成的相对固定的行为方式。良好的做事习惯往往会使人心想事成，事半功倍，终身受益；不良的做事习惯往往会事与愿违，事倍功半，贻害一生。

人的生活习惯要从小历练，孩童时期是培养良好做事习惯的最佳时期。由于孩子小，家长有责任帮助孩子从小养成良好的做事习惯。孩子需要培养的良好做事习惯主要有遵纪守法、统筹协调、敢于担当、积极乐观、精益求精、勇于创新等方面，争取成功做事，实现人生目标。

遵纪守法

遵纪守法指人要遵守纪律和法律法规，尤其要遵守与本人身份（或职业活动）相关的纪律和法律法规。遵纪守法是高尚的行为，是善和美的体现。遵纪守法是长期的事情，不是一朝一夕的事情。为了一生遵纪守法，必须从小养成遵纪守法的习惯。遵纪守法习惯的培养靠一点一滴积累，家长有责任给予孩子良好的引导。

遵纪守法是中华文明传统美德。战国时代政治家、著名法家代表人物商鞅曾说过："言不中法者，不听也；行不中法者，不高也；事不中法者，不为也。”说的就是：言论不符合法律的，不听它；行动不符合法律的，不推崇它；事情不符合法律的，不去做它。而墨家学派创始人墨翟则指出“杀人者死，伤人者刑。”强调伤害他人的人都应该受到处罚。明末清初的史学家、思想家黄宗羲提出“有治法而后有治人”的“法治”观。他认为“法”的作用大于“人”的作用，应该重视法治的订立与实行。他的“治法”，是指“天下之法”，即代表天下人民利益平等的法律。有了天下之法，然后君、臣、民“皆从法”，严格遵守法律，这样便能达到天下大治。

遵纪守法是遵行社会秩序。古希腊先贤亚里士多德认为，法律就是秩序，有好的法律才有好的秩序。孟子说：“不以规矩，不能成方圆。”原意是说：如果没有规和矩，就无法制作出方形和圆形的物品，后来引申为行为举止要合乎标准和规则。这句话旨在告诉我们，做人要遵纪守法，国不可一日无法，家不可一日无规，法、规是不容忽视的。可以想见，假如人都漠视社会行为规范，比如随意闯红灯、随地吐痰、随意说脏话、任意谩骂他人、歧视他人、恃强凌弱……缺乏对他人的尊重、对秩序的尊重、对法律的敬畏等，那么由此带来的只有秩序的混乱、社会的倒退、精神的粗鄙、人性的沦丧，这样的现象，如果任其泛滥，就会给文明带来无法挽回的损害。

遵纪守法是自由的前提。或许有人会觉得规则、纪律、法律、法规都是用来约束人的，会让人很拘束，没有自由。其实，自由和规则好比风筝与线的关系，在规则的引导下，自由就像风筝一样可以迎风高飞。而一旦没有了规则，无论飞得多高，断了线的风筝将立刻失控，最终栽倒在地上。脱离了约束的自由不是真正的自由，让规则看守的自由才是真正的自由。所以德国思想家黑格尔说，秩序是自由的第一条件。美国亨利·罗伯特将军在其著名的《罗伯特议事规则》中说：“离开了规则，每个人都自由行事，结果就是每个人都得不到真正的自由。”

为什么要培养遵纪守法的好习惯呢?

第一，遵纪守法是适应法治社会的基本素质。中国当前是法治社会，不是人治社会。国家坚持依法治国，社会关系按照明确的法律秩序运行，并且按照严格公正的司法程序协调人与人之间的关系。一个成熟的法治社会，具备精神和制度两方面的因素，即具有法治的精神和反映法治精神的制度。法治的精神方面主要是指整个社会对法律至上地位的普遍认同和坚决支持，养成了自觉遵守法律法规，并且通过法律或司法程序解决政治、经济、社会和民事等方面的纠纷的习惯和意识。在法治民主的社会中，法律和行政法规等由规范的民主程序产生和制订出来，并且其司法和执行过程通过规范的秩序受到全社会的公开监督。既然孩子出生、成长、生活在现在这个法治社会中，没有遵纪守法习惯是难以在法治社会立足的。因此可以说，敬畏法纪，遵纪守法，应该是孩子从小必修的一门功课。

第二，遵纪守法是安全健康成长的需要。孩子成长过程中，法纪是最好的保护伞，制定法纪的本意就是为了保证每一个人的安全和权利。然而法纪又是不讲人情的，而且没有什么比法纪更冷冰冰、硬邦邦。无论大人小孩，不遵守法纪，法纪比老虎还要可怕；遵守了法纪，法纪就是大人小孩最好的庇护。比如有的小孩违纪逃课出去玩，结果出现了意外。还有的孩子过马路的时候闯红灯，出现事故。有人或许说，孩子还小，不习惯守法纪很正常，怎么能跟小孩子计较呢？长大以后就会懂了。殊不知，正因为人一出生不可能懂法纪，所以更需要引导，要教会孩子最基本的遵纪守法知识，让他们知道法纪可以防止相应的危险发生，要养成遵纪守法的好习惯。

第三，遵纪守法是每一个公民应尽的法律义务。在法治社会，每一个公民的应尽义务中，都有遵纪守法义务。因为法治社会条件下，法律与每一个公民密不可分，法律以各种方式影响着每个公民的日常生活，并影响整个社会，每一个公民都应该遵守纪律和法律，在单位遵守规章制度，日常生活中遵守法律法规，待人接物遵循道德规范，言谈举止遵守公序良俗。小孩子是公民，自然也应该遵纪守法，所有学龄孩子，还必须遵守校规校纪。

怎样培养遵纪守法的好习惯?

第一，了解身边法律，培养法律意识。遵纪守法的前提是尊重和敬畏法纪，确立守法意识。只有敬畏法纪，才能遵纪守法。因此，现代法治社会的孩子，应该学法。只有学法，才能了解、尊重和敬畏法纪，确立守法意识；才能在日常行动中守法、用法；才能用法律维护自己的合法权益。那些违法犯罪的孩子往往是不学法、不知法、缺乏法律意识。

第二，注重做好事。一个经常做好事的孩子，一般不会故意违法犯罪。所以，培养遵纪守法的好习惯可以从做好事开始，坚持不做坏事，不做违法事，不学恶风习，不做不礼貌、不道德的事。现实生活中，很多从小到大一贯做好事的孩子，不但小时候是遵纪守法的好孩子，而且长大后也是遵纪守法的好人。因为做好事的孩子，注重从身边一点一滴的微小好事做起，不以好事小而不为，也不以恶事小而为之，在他们从小的行为和记忆里只注重做好事，不做坏事。这些孩子通过点滴好事，常年坚持下来，便养成了遵纪守法的好习惯。

第三，用遵纪守法的典型事例进行引导。小孩子生性活泼好动，不愿受约束。如果家长溺爱迁就孩子，就会使孩子养成任性固执的毛病。但是，大多数孩子都有崇拜、敬仰、模仿英雄的心理，家长可选择生动具体的遵纪守法人物形象，供孩子学习模仿，引导孩子遵纪守法。

第四，远离违法乱纪行为。生活中存在违法乱纪现象，对孩子有一定的不良诱惑力，必须坚决抵制。例如打群架、赌博、酗酒、欺骗、偷盗等。一颗树木由树苗成长参天大树需要数十年甚至上百年，而毁灭它或许只需要一根火柴。不良恶习，往往就会成为毁灭我们人生幸福的那根火柴，所以要教育我们的孩子远离违法乱纪行为。

第五，增强自我保护意识。社会上存在针对孩子的违法犯罪行为，对孩子的人身安全造成一定的威胁，要教育孩子学会运用法纪保护自己。一要保持警惕性，避免违法乱纪行为对自己造成的伤害；二要用合法手段保护自己，及时排除危险因素；三要敢于同违法犯罪分子做斗争，打击不良行为。

★自我提升训练题

■自我评测

1. 一个具有高尚道德的人，一般不会去故意违法犯罪；而那些道德品质低下的人，往往会为了满足个人私欲而不惜以身试法。这表明（　　）。

A. 只要具备了高尚的道德品质，就不会触犯法律

B. 提高社会成员的道德水平，就可以实现法治社会了

C. 道德可以代替法律，而法律不能代替道德

D. 道德水平的提高，是公民遵纪守法的思想基础

正确答案：D

2.公民在法律面前一律平等，对此正确的理解是（　　）。

A. 任何公民平等地享有法律规定的权利

B. 任何公民平等地履行法律规定的义务

C. 任何公民违法犯罪都要受到法律的追究

D. 任何公民都拥有解释法律的特权

正确答案：A、B、C

3.《中华人民共和国宪法》法第 51 条规定：公民在行使自由和权利的时候，不得损害国家的、社会的、集体的利益和其他公民合法的自由和权利。这表明（　　）。

A. 公民在法律面前一律平等

B. 公民要依法行使权利

C. 公民权利和义务的一致

D. 公民在享有权利的同时，必须履行义务

正确答案：B

■讨论分析

小刚参加国家级绘画比赛，得到奖金 1 万元，小朋友们都来祝贺，交谈中说到缴税的事儿，说啥的都有，有的说小孩子得的奖金不需要缴税，有的说只要对外不说就没事儿。

请思考小刚这笔钱是否应该缴纳税费？

■实际体验

《皮皮鲁和 419 宗罪》是一部普法网络游戏，该游戏通过人物间的对话宣传法律内容，场景有新奇想象力，让人在游戏中树立法制意识。与同伴一起玩《皮皮鲁和 419 宗罪》，并讨论游玩心得。

统筹协调

统筹协调可分为狭义的统筹协调方法和广义的统筹协调规划。广义的统筹协调是一种战略，是针对一项综合事务的规划、组织、实施、完善的系统方法。

狭义的统筹协调是一种合理安排工作进程的方法，是优化办事效率的一种办事技巧。统筹方法也是学习、工作和生活中的一种科学，是现代数学的一个重要分支。应用统筹法可以减少时间的浪费，提高学习和工作效率。应用统筹方法解决实际问题时，一般要做三项调查，首先要确认做哪些事；其次评估完成每件事各需要多少时间；再次弄清楚各项事务的程序；最后科学安排各项事务的顺序。即先做什么，后做什么，哪些工作可以同时做，最终安排一套高效、合理的流程。

一般来说，孩子需要从小培养的统筹协调做事习惯主要指狭义的统筹协调，主要体现在生活、学习计划的制定和时间的管理方面，做到有计划做事，以充分利用时间，提高做事效率，培养做事能力。

统筹协调可提高办事效率。宋朝沈括在《梦溪笔谈》中记载了一个“一举三得”的故事。北宋真宗年间，皇宫失火，亭台楼榭，付之一炬。宋真宗大怒，处死了数名官员，并降旨令晋国公丁谓限期重修宫殿。重建工程不仅浩大，且有三大难题：一是需要从远郊运送大量工程土方；二是修建皇宫需长途搬运大批建筑材料进京，费时费力；三是重建过程将产生大量碎砖破瓦等建筑垃圾需清运出京城，同样费事。经过周密思考，丁谓采取了“挖沟取土，解决土源；引水入沟，运输建材；废土填沟，处理垃圾”的重建方案。第一步，在施工现场挖壕沟取土，以解决重建的工程土方。第二步，从城外引汴水入壕沟成河，利用木排及船只运送木材石料，解决了木材石料的运输问题。第三步，等到材料运输任务完成之后，再利用工程所产生的垃圾回填入沟，使壕沟重新变为平地。一举三得，整个工程原来估计需15年建成，而最终只用了7年便建成，不仅“省费以亿万计”，还大大缩短了工期，深得皇帝赞赏。这样精巧的规划、缜密的思维，正是统筹方法的智慧运用。

统筹协调有利于做事条件的利用。统筹作为现代数学的一个分支，还蕴含着人生哲理。在某商学院的一次课堂上，一位教授做过一个实验。教授拿出一个玻璃瓶，放在桌上。随后，他取出一些拳头大小的石块，依次放进玻璃瓶里面，直到石块高出瓶口，再也放不进去的时候，他问道：“瓶子装满了吗？”所有学生都回答“满了”。“真的装满了吗？”教授一边反问，一边又拿出一些石子，倒了进去，直到差不多填满石块的间隙。“现在瓶子满了吗？”他第二次问道。这一次学生有些明白了，一位学生回答“可能还没有满”。教授说：“很好！”随即又从桌子下面拿出一桶沙子，开始慢慢倒入玻璃瓶内。沙子填满了石块和石子的所有间隙。他又一次问学生：“这回瓶子满了吗？”“没满！”学生们大声说。他再一次说：“很好！”然后，他拿过一瓶水，直到水面与瓶口持平。抬头看着学生问道：“这个例子说明什么道理？”一个心急的学生抢着回答说：“老师我知道，无论你的时间表多么紧凑，如果善加利用，还是可以做更多的事情！”教授说：“不是。这个例子告诉我们，如果你不是先放大石块，那你就再也不能把它放进瓶子里面了，那么，什么是你生命中的‘大石块’呢，与家人共渡时光？你的信仰？你的教育？梦想？或是和我一样，教育指导其他人？”

为什么要培养统筹协调的好习惯呢?

第一，统筹协调有利于做事目标的实现。孩子做事应有目标，做事目标就是孩子在什么时间做什么事、为什么做事、怎么做事、达到什么目的等。制定和实现人生做事目标的过程，实际上就是统筹协调的过程。如果孩子注意培养统筹协调的习惯，就能够围绕人生做事目标来统筹分析、综合协调各种内外部条件，制定的人生做事目标就会更符合自己的资质和所处的社会环境条件，而且在实现目标的过程中也能充分利用当时的条件。由于孩子更容易在感兴趣的领域取得成绩，如果在制定目标之前就能仔细地分析自己所处的状况和现有的条件，那么所确定的目标就会更切合实际，而且也有了统筹解决可能出现的困难的办法，自己的人生做事目标也就有可能一步一步地实现。

第二，统筹协调有助于克服做事时遇到的困难。近半个世纪前，美国有一位名叫罗伯特·舒乐 (Robert H. Schuller) 的博士，立志要建造一座无与伦比的水晶大教堂。他将这一梦想告诉了身边的每一个人，可所有的人都认为这根本就是不可能实现的“梦想”，因为他身无分文。然而他坚信，只要敢想，一切皆有可能！当然，敢想绝不是空想。他估算这座教堂的造价要 700 万美元。于是，舒乐博士在一张白纸上写下了自己实现目标的奇特计划：寻找 1 笔 700 万美元的捐款；寻找 7 笔 100 万美元的捐款；寻找 14 笔 50 万美元的捐款；寻找 28 笔 25 万美元的捐款；寻找 70 笔 10 万美元的捐款；寻找 100 笔 7 万美元的捐款；寻找 140 笔 5 万美元的捐款；寻找 280 笔 2.5 万美元的捐款；寻找 700 笔 1 万美元的捐款。

他把 700 万美元这个大目标，一次又一次地分解成更小的目标，最终分解成到 1 万美元。后来又分解到出售 1 万扇窗户，每扇窗户 700 美元，这个目标看上去实现起来就容易多了。就这样，他一点一点地募捐，一点一点地筹集，历时 12 年，一座最终造价 2000 万美元、可容纳 1 万多人的水晶大教堂不可思议地竣工了。这座水晶教堂不仅成为世界建筑史上的奇迹与经典，也成为“统筹协调有利条件和困难条件终于成功做事”的范例。

第三，统筹协调可加强做事时间的管理。做事时间的管理就是计划分配做事的时间。做事中统筹协调，可以更好地对要做的所有事情进行分解和排序，细化成每天要做的事情，分清这些事情的轻重缓急，按“要事第一”的原则，将最重要的事情安排在最前面，并根据事情的优先次序制定每日做事的时间表，放在眼睛看得到的地方，对于每天要做的重要的事情，必须想办法统筹完成，决不能拖延。如果统筹协调得好，在同一时间里，可以做两件以上的事情。如随身携带一个本子，在每天睡觉之前想好第二天要做的所有事情，排出它们的优先次序后，根据实际情况进行安排，可以将最重要的事情优先安排在精力最旺盛、效率最高的时间段。由于是先统筹协调后做事，做事势必有条不紊，能时刻牢记自己的做事目标，坚定不移地执行时间管理，不受外界的干扰和诱惑，坚决做既定事情，坚决不做无益的事情，并注意“劳逸结合”，甚或将自己喜欢做的事情当作休息的手段，争取最大限度发挥时间的效能。统筹协调做事时间也与著名管理学家斯蒂芬·科维（Stephen R.Covey）提出的时间管理“四象限法则”基本一致，“四象限法则”要求把要做的事按照重要和紧急两个不同的程度进行划分，基本上可以分为四个“象限”：既紧急又重要、重要但不紧急、紧急但不重要、既不紧急也不重要，统筹计划时，有重点地把主要精力和时间放在重要但不紧急的事情上，这样可以未雨绸缪，防患于未然，有条不紊地做好所有的事情。

怎样培养统筹协调的好习惯？

第一，明确目标。人生目标是孩童时代逐步建立的，我们可以帮助孩子尝试将人生梦想设定为终极目标，然后分解为远期目标（10年）、中期目标（5年）和短期目标（1年），进而再将短期的年度目标分解为季度目标、月度目标、周目标甚至每日目标。这样，孩子好比是为梦想与实际之间搭建了一个相互联通的阶梯。

孩子的人生目标要可视化、具体化，比如我要成为全年级前三名；我要当一名医生；我要帮助一名贫困山区的孩子完成学业……或是像少年时的奥巴马那样“我想成为美国总统”。目标还要尽可能可衡量、可量化。比如孩子可选择“比去年提升 10%”的目标，而不提出“比去年做得更好”的模糊目标。过低的目标对孩子缺乏激励性，而过高的目标又脱离实际，最好的目标是跳一跳才能够得着的具一定挑战性的目标。长短结合，长期目标帮助孩子志存高远，但必须分解为一系列中短期目标，形成完整而又连贯的目标体系。所有的目标只有在一定的时间内完成才有意义，否则，跟没有设定目标是一样的。

第二，制订计划。孩子学习制定计划不宜苛求细致周密，大致遵循计划制定的 5W1H 法则即可：

（1）What——做什么事？

（2）Where——在什么地点？

（3）When——什么时间开始和完成？

（4）Why——为什么做这件事？

（5）Who——由谁执行？

（6）How——如何做？采取哪些有效措施？

巧记 5W1H 的口诀：“何时、何地、何人，做何事，为什么，怎么做。”

确认达成目标所需要的知识和技能：找到达成目标尚不具备的知识与技能，要么通过学习掌握它，要么寻找具备相应知识与技能的伙伴克服它。

确认达成目标的障碍：确认障碍是为了有备无患，同时障碍是来帮助我们学习成长的，针对每一个障碍制定出相应的解决方案。达成目标的过程，就是战胜困难突破障碍的过程。

第三，完成该做的事，再做想做的事。孩子天真烂漫，想做的事有很多，想实现的目标也不会是一个，但前提是做好当下的每一件事，认真完成当前的学习、工作和目标，未来才有机会去做更多想做的事。

第四，通过家长的统筹协调影响孩子。要让孩子在做事前先想一想，父母可以向孩子说明自己相关的安排，并且征求孩子的意见，让孩子参与其中。比如，在一个星期天，父母打算带孩子出去玩，可以与孩子一起讨论一天的安排，让孩子知道统筹安排的重要性，参与制订计划。慢慢地，孩子就会学着统筹安排自己的学习、生活等事情了。

★自我提升训练题

■自我评测

1. 统筹法可以优选做事方案、协调控制做事时间和做事成本，实现预定做事目标，获得更佳做事效益。我国推广统筹法的大科学家是（　　）。

A. 华罗庚

B. 杨乐

C. 张广厚

D. 陈景润

正确答案：A

2. 目标是人生的方向标。我们应该这样确定人生目标（　　）。

A. 目标要切实可行

B. 目标应该是长期的相对稳定的

C. 目标比行动更重要

D. 目标一旦确定就坚决不改变

正确答案：A、B

3. 著名管理学家科维提出了一个时间管理的理论，把工作按照重要和紧急的不同程度划分为四个“象限”，分别为既紧急又重要、重要但不紧急、紧急但不重要、不重要也不紧急，我们日常学习、工作当中应当将时间重点放在（　　）。

A. 第一象限

B. 第二象限

C. 第三象限

D. 第四象限

正确答案：B

■讨论分析

一提到拟定学习计划或工作计划，有些人就会觉得浪费时间，理由是还有好多事等着做，没有空闲做计划，况且“计划不如变化”，定了也白搭。

你怎样看待这种情况？

■实际体验

为自己设计一张目标导图，列出自己心中想要做的 10 件事，设置出计划并实施，完成一个就在计划上标注“成功”。看看多长时间能够全部实现。一年后思考这个过程给我们带来了什么？如果觉得有意义的话，开始设计新一年的目标导图吧。如果能够坚持下去，想想 10 年后、30 年后、50 年后的你，看着这些保存下来的人生目标轨迹，那将会是一种什么样的幸福？一笔专属自己的怎样的财富？

敢于担当

所谓“担当”，《辞海》的解释是“承担；担负”；《现代汉语词典》的解释是“接受并负起责任”。而敢于担当则在接受和承担责任时表现出高度的自觉性、主动性、积极性、坚决性，具有强烈的责任意识和高贵品质，是一种崇高的人生精神。

敢于担当表现在方方面面。在公交车上，当我们主动起身，给老弱病残让座时，自觉履行道德义务，主动承担社会责任，这是敢于担当。

当团队共同努力，花费数月的创新项目因经验不足遭遇失败时，坦然面对、主动承担责任并总结教训，这也是敢于担当。

当在银行自动取款机旁，看到诈骗分子图谋盗骗他人钱、物时，挺身而出，伸张正义，一边提醒受害人一边报警，这更是敢于担当。

为什么要培养敢于担当的好习惯呢？

第一，敢于担当是继承中华民族优秀传统道德。北宋范仲淹“先天下之忧而忧，后天下之乐而乐”，明代张居正誓言“大丈夫既以身许国家，许知己，惟鞠躬尽瘁而已，他复何言”，清代林则徐“苟利国家生死以，岂因祸福避趋之”，他们受到无数后人的景仰，也不断激励着我们每一个人。我们中华历史上敢于担当、勇于奉献的英雄辈出，在我国古代形成了一种文死谏、武死战的优良传统。每当民族危难之时，总会有一批敢于担当的志士仁人挺身而出，为国分忧，可歌可泣。其中既有忠于职守的人，也有见义勇为之士；既有为民请命的人，也有舍身为国的人；有挽狂澜于既倒之士，有披肝沥胆救国之杰。正是这些敢于担当的英雄们，铸就了中华民族的脊梁。孩子从小培养敢于担当的习惯，日后可成为敢作敢为的志士。

第二，敢于担当是优秀人格。1942 年夏，日军铁蹄肆虐至云南腾冲，城中军政官吏闻风丧胆，弃城而逃，遂使腾冲不战而陷于敌手。62 岁早已在家休养的当地名士张问德，临危受命，自任“县已不县”的腾冲县长，不顾一切地率领当地军民保家卫国。他组织生产，恢复教育，快速组建起战时县政府和抗日前方根据地，举办抗战军政训练班、民政训练班。同时，还联络少数民族组建起三百余人游击民团，抗击敌寇，镇压汉奸、地痞流氓，维护社会秩序，此后，当地社会秩序很快得到稳定，还激发了当地军民的斗志。

1943 年 8 月 31 日，日军指挥官田岛致函张问德，企图软化诱降。张问德怒火中烧，写下了当世名檄——《答田岛书》，痛斥日寇战争罪行并表达了腾冲人民坚决抗战的决心。张问德的《答田岛书》，怒血沸于中而婉辞流于外，表现了中华民族的浩然正气、大国风度，在全国引起强烈反响。他被陈诚誉为“全国沦陷区五百多个县县长之人杰楷模”，被蒋介石誉为“富有正气的读书人”。腾冲城光复后数天，张问德却挂职而去。张问德的任职和离职，都是敢于担当的英雄行为，令人敬仰！

第三，培养敢于担当能够赢得他人的信任。敢做敢当是一个正直的人应具备的基本品质，没有一个人愿意和胆小怕事、经常逃避困难、推卸责任的人共事，更难以想象会有人为这样的人真正效力。在 1980 年的伊朗人质危机中，当精心筹划的营救美国大使馆人质的行动失败后，当时的美国总统吉米·卡特即在电视里郑重声明：“一切责任在我。”仅仅因为这句敢于担当的话，卡特总统的支持率不仅不降，反升了 10%以上。现在进入信息社会，人们交往扩大，为了孩子长大后在交往中能赢得信任和友谊，应该培养敢于担当的习惯。

第四，敢于担当是担当重任的前提条件。一个人要想成就一番事业，必须敢于担当。缺乏担当精神，在困难和挑战面前畏首畏尾的人是难当重任的。古时将“安官贪禄，与世沉浮，左右观望，推诿脱责”的人称之为“六邪”之臣的“具臣”，把敢于担当的人称为堪当大任的“直臣”。

曾任巴拿马总统的里卡多是一个勇于担当的人。他上任以后，一直觉得自己国家的护照不够精致，决定对其整改。2010 年 5 月，里卡多下令重新设计的精美的新护照开始正式使用。几个月后，他突然发现护照上巴拿马国徽中的丁字镐印成了长柄方锤。此时，已经有四万多份新护照发放出去，国徽出错可不是小事，里卡多决定为自己所犯的这个错误负责。他先是要求护照管理局立即更正，用最快的速度赶制新护照，同时，里卡多要求护照管理局用最快的速度把这 4 万个人的名字打

印出来，他要在第二天发表电视讲话，亲自通过电视向每一个人道歉。即便是不睡觉，将 4 万个人的名字一个个念完也需要差不多 50 个小时，所有人都被震惊了。

第二天一早，里卡多总统开始不断地念着每一个人的名字，向民众道歉，几个小时后，没有人再去计较总统究竟犯了什么错，没有人再去计较护照上的国徽出差错问题到底有多严重，没有人再去计较总统究竟是在向谁道歉。他的电视道歉，感动了整个巴拿马，甚至感动了身在国外的巴拿马人，他们纷纷从海外各地打越洋电话回国，劝总统停止道歉。里卡多这样回答他们："如果连具体名字都不念，那还谈什么尊重与道歉呢？如果连一个道歉都无法具体地落实到一个人的身上，那还指望我为你们落实什么呢？如果我连为自己承担错误都做不到，谁还能指望我来为这个国家承担些什么呢？"里卡多总统勇于担当的行动取得了所有民众的谅解，更赢得了所有人的尊重。由此看来，有志成才的孩子，不能不培养敢于担当的习惯。

第五，敢于担当是人类公认的一种高贵精神。敢于担当是西方所公认的贵族精神的三根支柱之一。在西方，被公认的贵族精神有三根重要支柱：一是文化的教养；二是社会的担当；三是自由独立的意志。西方社会认为，一个真正的贵族并非仅拥有物质财富，更重要的是有高贵的精神，能够严于自律，珍惜荣誉，扶助弱势群体，担当起社会与国家的责任。美国著名的西点军校的座右铭只有三个词：责任、荣誉和国家。西点军校的理念就是：一个负责任的军官才是有竞争力的军官，有竞争力的军官才能为荣誉和国家而战。无论今天的孩子长大后是否伟大，都需要具有敢于担当的高贵精神。

怎样培养敢于担当的好习惯？

第一，培养责任心和使命感。责任心和使命感是对各种人或事，包括家庭、社会和国家所负责任的认识，以及与之相应的行为的自觉态度。它是一个人敢于担当的基本素养，是健全人格的基础，是家庭和睦、事业有成和社会和谐的保障。培养责任心，就是培养要么不做，要么就全力做好的习惯。可以通过守时、守信、不轻许诺言、培养信心、培养爱心、增强自尊心、增强公德心以及树立爱国精神等方式培养。

第二，不推卸责任。做事中，要清醒地认识自己的责任，并勇敢地担当起来，负责到底，无论对自己还是对他人都是有益的。人可以清贫，不可以没有责任。扛着自己的责任，就是扛着自己生命的信念。责任让人勇敢，凡遇事不推卸责任也就具有了敢于担当的习惯。不推卸责任包括勇于认错。人非圣贤，孰能无过，过而改之，善莫大焉。认错实际上是一个勇者的行为，只有一个真正自信且具有勇气的人，才会发自内心地认错。其实，承认错误并改进错误，本身就是敢于担当的表现，而不把责任推给别人，久而久之，就会自然养成敢于担当的习惯。

第三，不轻言放弃。做事必然经历艰难困苦，在困难阻碍面前，应勇敢前进，决不轻易放弃，否则势必会造成人生遗憾。学习有困难不放弃努力，做事有困难不放弃成功的希望。只要不放弃，一切困难都能够克服。不放弃就是敢于担当艰难困苦，敢于担当克服困难的重任，克服困难的过程也是培养敢于担当习惯的过程。长此以往就能养成敢于担当的习惯。

第四，创造敢于担当的家庭培养环境。培养孩子敢于担当的习惯，需要相应的家庭环境。首先，父母要放手孩子担当责任，比如孩子遇到一些事情的时候，父母可鼓励孩子自己完成，不要代替孩子完成，是孩子的责任就让孩子自己来承担。担当责任是孩子做人、成人的基础，也是做事的标准之一，没有敢于担当的强烈责任心就难以认真做事。其次，让孩子做力所能及的家务劳动。父母可向孩子交代清楚要做的事情，耐心给予指导、鼓励、表扬、奖励，以培养孩子担当家庭责任的习惯。有的父母往往热衷于代替孩子做事，这不利于培养孩子敢于担当的习惯。

★自我提升训练题

■自我评测

1. 参与志愿者活动，是承担社会责任、有担当精神的具体体现。下列关于“责任”的说法，正确的是（　　）。

A. 责任产生于社会关系之中的相互承诺

B. 自觉承担社会责任有利于构建和谐社会

C. 小孩子不需要承担任何社会责任

D. 积极承担社会责任有利于营造“我为人人，人人为我”的社会氛围

正确答案：A、B、D

2. 下列关于责任的说法，不正确的是（　　）。

A. 承担责任，往往伴随着获得回报的权利

B. 承担责任而不计代价与回报是社会责任感的体现

C. 我们应该追求不需付出代价而有回报的责任

D. 承担责任的回报更重要的是无形的财富

正确答案：C

3. 歌德说：“责任就是对自己要求去做的事情有一种爱。”这句话说明的道理是（　　）。

A. 索取是不应该的

B. 承担责任是为了索取

C. 担当精神是社会责任感的表现

D. 担当就是不要任何回报

正确答案：C

■讨论分析

包庇袒护同学和朋友的错误，甚至挺身而出，帮助朋友掩盖罪行，这是敢于担当吗？为什么？

■实际体验

结伴或家庭参观旅行，途中每个人分担责任，可以在整个活动当中体会责任与担当对自己和他人的价值，进行一次，总结一次。

积极乐观

积极乐观就是心怀快乐并持之以恒地追求真善美的一种生活态度。积极乐观也是面对世间万事万物满怀希望、坚韧进取、充满信心、豁达开朗的一种心境。世间万事万物没有绝对的好事，也没有绝对的坏事，正所谓“祸兮福之所倚，福兮祸之所伏”。但以何种心态面对，却是我们自己可以把握的，积极乐观者与消极悲观者相反，积极乐观者不畏艰险，不惧困难，不怨天由人，不自暴自弃，不为事物消极负面的因素所困扰，而是将万事万物所蕴含的真善美作为自我的激励与指引，持之以恒、不懈努力地追求。

古希腊著名的哲学家苏格拉底年轻的时候，生活很贫困，他和几个朋友一起挤在一间只有七八平方米的小屋里。尽管如此，但是他一天到晚总是快乐无比。

朋友问他：“那么多人挤在一起，连转个身都困难，你怎么还那么高兴呢?”

苏格拉底说：“朋友们在一起，随时可以交换思想，交流感情，这难道不是很值得高兴的事吗?”

过了一段时间，朋友们一个个相继成家，陆续搬了出去。屋里只剩下了苏格拉底一个人，但是他每天仍然很高兴。

朋友又问他：“你现在一个人这么孤单，可为什么还是那么高兴呢?”

“我有很多书啊！一本书就是一个良师益友。和这么多良师益友在一起，时时刻刻都可以向它们请教，这怎能不令人高兴呢?”

几年后，苏格拉底也成了家，搬进一栋大楼里。这栋大楼有七层，他的家在最底层。底层在这座楼里环境是最差的，上面老是往下面泼污水、丢死老鼠、破鞋子和杂七杂八的脏东西，那人见他还是一副自得其乐的样子，好奇地问："你住这样的房子，也感到高兴吗？"

"是啊！你不知道住底楼有多少妙处啊！比如，进门就是家，不用爬很高的楼梯；搬东西方便，不必花很大的力气；朋友来访容易，用不着一层楼一层楼地去叩门询问……特别让我满意的是，可以在空地上养养花儿，种种菜，这些乐趣啊，数之不尽啊！"苏格拉底情不自禁地说。

过了一年，苏格拉底把自己一层的房间给了一位朋友，这位朋友家有一个偏瘫的老人，上下楼很不方便。他搬到了楼房最高的第七层，可是他每天仍是快快乐乐的。

朋友又笑问他："先生，住七楼是不是也有许多好处啊？"

苏格拉底说："说得太对了，好处可真不少呢！仅举几例吧：每天上下几次楼，就是很好的锻炼机会，有利于身体健康；光线好，看书写文章不伤眼睛；楼上不会再有人干扰，白天黑夜都非常安静。"

后来，这位朋友遇到苏格拉底的学生柏拉图，问道："你的老师总是那么快快乐乐，可我却感到，他每次所处的环境并不那么好啊！"

柏拉图说："决定一个人心情的，不在乎环境，而在于心境。"

积极乐观是一种心态。狭小的空间、孤独、恶劣的环境，哪怕是再不好的外部因素，在苏格拉底的眼中，都能找到其积极的一面。这与其说是事物本身的优劣，不如说是心态的优劣。所以英国文豪狄更斯说，一个优秀的心态，比一百种智慧都更有力量。而积极乐观就是一种优秀的心态。

积极乐观是一种自信。苏格拉底的快乐也体现出他的自信，一种对生活的自信、对未来的自信、对人生的自信。正是这种自信使他始终充满快乐。

积极乐观是一种人生观。相对于外部环境而言，苏格拉底更加看重在逆境中的进取，看重思想的交流、看重良师益友，他博览群书，通过花草体会生命的乐趣，通过思考与创作来实现自我。伟大的人将逆境视为人生的磨砺，这种磨砺使我们勇往直前！

为什么要培养孩子积极乐观的好习惯呢？

第一，积极乐观可增进生活快乐感。有一句谚语，叫作“日出东海落西山，愁也一天，喜也一天；遇事不钻牛角尖，人也舒坦，心也舒坦”，这句谚语形象地说明了快乐就在我们心中，前提是我们需要拥有一颗积极乐观的心。在心理学当中，有一个“吸引定律”，人想什么就会吸引什么，也被称为“吸引力法则”。凡事都有两面：人要的那一面，人不要的那一面。凡想都有两念：让人越想越快乐的那一念，让人越想越不快乐的那一念。人有积极乐观的念想，就有积极乐观的人生。

第二，积极乐观可获良好的人际关系。积极的心态像太阳，照到哪里哪里亮；消极的心态像月亮，初一十五不一样。在人际交往当中，积极乐观的人总是传递快乐并关注别人的优点，其他人都喜欢与之相处。反之，一个总是怨天尤人、消极悲观的人，难以获得他人的认同，难有和谐快乐的人际关系。因为心态消极的人，这也看不惯，那也不如意，传递的是负能量。很显然，积极乐观有助于帮孩子建立和谐、良好的人际关系。

第三，积极乐观有助于战胜困难。有一艘驶往英国的轮船，途中忽然碰到狂风暴雨的袭击，船上的人都惊慌失措，唯有一个老太太非常镇静地祷告，神态十分安详。风浪平静之后，人们好奇地问老太太：“您为什么一点都不害怕呢？”老太太说：“我有两个女儿，大女儿戴安娜已经去了天堂，小女儿玛丽亚就住在英国。刚才风浪大作的时候，我就向上帝祷告：‘假如接我往天堂，我就去看戴安娜；假如留我在船上，我就去看玛丽亚。’不管去哪儿，我都可以和我心爱的女儿在一起，我怎么会害怕呢？”简单的回答折射出深刻的哲理——积极乐观的心态，可以帮助我们坦然面对任何困境，可以帮助我们战胜任何困难。

第四，积极乐观可助人成功。清朝有一位秀才进京赶考，投宿一家旅店。考试前两天他做了两个梦：第一个梦是梦到自己在墙上种白菜；第二个梦是下雨天，他戴了斗笠还打了伞。

秀才觉得这两个梦似乎有些寓意，于是去找算命先生解梦。算命先生一听，摇头哀叹道："你还是回家吧。你想想，高墙上种菜不是白种（不中）吗？戴斗笠打雨伞不是多此一举吗？"

秀才一听，心灰意冷，进店便收拾包袱准备回家。店老板非常奇怪，问秀才："不是明天才考试吗，你怎么今天就回乡了？"

秀才将算命先生的解梦说了一番，店老板一听乐了："我也会解梦。我倒觉得，你这次一定要留下来。你想想高墙上种菜不是高种（中）吗？戴斗笠打雨伞不是说明你这次有备无患吗？"

秀才一听，觉得更有道理，于是精神振奋地参加考试，果然中了个探花。

这则故事说明 ：孩子拥有积极乐观的心态，往往会助孩子取得成功。

怎样培养积极乐观的好习惯？

第一，让爱永驻心中。用欣赏的眼光来看待事物，一花一木俱有意，阴晴圆缺皆有情。世间万物都有可爱的一面，而我们的内心却空间有限，与其让消极悲观侵占内心，不如让爱将心充盈，有爱的人，一切困难都将为其让路。爱心永驻心田，积极乐观终成习惯。

第二，保持积极心境，心怀梦想。梦想可以激励我们启航，梦想可以指引我们前进的方向，一旦心怀梦想，我们将会乐观而积极向上。所以，想要养成积极乐观的好习惯，我们一定要有人生理想。

我们不仅要心怀梦想，还要心怀感恩。感恩为快乐之首，因为不知道感恩的人永远不会快乐、不会幸福。除了感恩帮助过我们的人，还要感激伤害过我们的人，因为伤害磨练了我们的意志；感激欺骗过我们的人，因为欺骗增进了我们的智慧；感激藐视我们的人，因为藐视觉醒了我们的自尊；真诚地感激一切使我们成长的人，如此的我们才会积极而乐观。

第三，正确面对他人的批评指责。无知的人面对批评比较消极；平庸的人面对批评狡辩推诿；优秀的人面对批评有则改之，无则加勉；伟大的人面对批评闻过则喜，乐改前非。一旦养成了正确的“闻过则喜”的习惯，何愁不积极乐观呢？

第四，亲近自然，热爱阳光，坚持运动，保持健康。世间万物，只要我们拥有一颗善于发现的心，一双善于观察的眼睛，我们就会被生生不息的大自然深深地感动，无论是在泥土中，还是在瓦砾下、在峭壁上，抑或在深涧旁，奇妙的大自然会赐予我们积极的力量；追逐光明，沐浴阳光，无论朝霞，或是夕阳，太阳的光芒会让我们心情舒畅，驱除所有烦恼；坚持运动，无论是奔跑在林间，还是挥汗在健身房，汗水滑落，湿透衣裳，运动可以激励我们去拼搏，增进我们克服困难的力量。日久天长，身体康健，心态积极乐观。

远离消极能量。近朱者赤，近墨者黑。远离消极悲观、终日抱怨的人，不要让消极能量围绕在自己的身旁。多与成功和积极乐观的人交朋友，从他们身上汲取积极向上的力量，并学习他们的成功经验。受积极乐观的人带动、感染，我们同样乐观、积极，进取、向上。

★自我提升训练题

■自我评测

1. 探索人生的意义，要保持积极乐观的人生态度。下面对于积极乐观的人生态度理解正确的是（　　）。

A. 是成功者必须具备的心理素质

B. 是一个人心理健康的表现

C. 能使困难与挫折转化为成长的机会

D. 只要具备这一态度，万事皆可成功

正确答案：A、B、C

2. 悲观者说：“风是浪的帮凶，能把你埋葬在大海深处。”乐观者说：“风是帆的伙伴，能把你送到胜利的彼岸。”由此可见（　　）。

A. 经历不同则见解不同

B. 目的不同的人对自然现象的感受不同

C. 认识事物的角度影响人们的价值判断

D. 事件的结果决定了事物的性质

正确答案：C

3. 面对失败，悲观者感叹命运不公，乐观者则告诉自己“失败是成功之母”。这启示我们（　　）。

A. 要保持情绪多样化

B. 要保持乐观的生活态度

C. 情绪决定命运

D. 不同的人对同一事物看法一定不同

正确答案：B

■讨论分析

有人说：“积极乐观其实是自欺欺人，怎么可能因为你积极乐观了，困难和失败就没有了？如果我丢失了 100 块钱，我一点都不心疼，反而得意洋洋，是不是 100 块钱就回来了？”

对于这种观点，你怎么看？

■实际体验

收集寻找自己最喜欢的积极乐观的名言或诗句，将其制作成帖，挂（贴）在书桌旁或书房的墙上，若干年甚至数十年后会发现，这一小小的举动可获益终身。

精益求精

精益求精，比喻已经十分美好了，还追求更加美好。指做人、做事或做学问的追求很高，没有止境。语出南宋朱熹《四书章句集注》中对孔子所说的“如切如磋，如琢如磨”的延伸注解：“治之已精，而益求其精也。”后用“精益求精”说明力求更加精进美好。在中国的传统文化当中，精益求精主要指敬业美德。

精益求精是敬业精神，也是人生态度。敬业是中国人民的传统美德。早在春秋时期，孔子就主张人在一生中始终要勤奋、刻苦，为所做之事尽心尽力。他说过“执事敬”“事思敬”“修己以敬”等话。诸葛亮以其“鞠躬尽瘁死而后已”的敬业精神流芳百世。宋朝朱熹说，“敬业”就是“专心致志以事其业”，即用一种恭敬严肃的态度对待自己的工作，认真负责，一心一意，任劳任怨，精益求精。

黎锦熙是我国著名的国学大师，他曾经在湖南办报，当时有三个青年帮他抄写文稿。第一个抄写员沉默寡言，不问文稿内容，只是如实地抄写文稿，错字别字也照抄不误，后来这个人一直默默无闻。第二个抄写员则非常认真，对每份文稿都进行认真仔细的检查，然后再抄写，遇到错字、病句都要改正过来。后来，这个抄写员写了一篇诗词，经谱曲后命名为《义勇军进行曲》。他就是田汉。第三个抄写员则与众不同，他也仔细地看每份文稿，同时认真地思考，仔细地推敲，但他只抄意见和观点正确的文稿，对那些意见和观点谬误的文稿则随手扔掉，一句话也不抄。后来，这个人建立了以《义勇军进行曲》为国歌的中华人民共和国。他就是毛泽东。

精益求精不仅是一种敬业精神，也是一种人生态度，不同的态度，自然就会成就不同的人生。

精益求精是现代社会的工匠精神。“工匠精神”的核心是：不仅仅是把工作当作赚钱的工具，而是树

立一种对工作执着、对所做的事情和生产的产品精益求精、精雕细琢的精神。

工匠精神自古就有，《庄子》中就记载了一个“庖丁解牛”的故事。厨师给梁惠王宰牛，他的手所接触到的地方，肩所靠着的地方，脚所踩着的地方，膝盖所顶着的地方，哗哗作响，发出皮骨分离的声音，每一刀切割的声音，没有不和乎音律的。

梁惠王问：“你宰牛的技术怎么会高超到这种程度呢?”厨师回答说，他凭精神和牛接触，而不用眼睛去看，依照牛体本来的构造。用很薄的刀刃插入有空隙的骨节。19 年了，他的刀刃还像刚从磨刀石上磨出来一样锋利。厨师还说：每当碰到筋骨交错很难下刀的地方，他就小心翼翼地提高注意力，视力集中到一点，动作缓慢下来，动起刀来非常轻，哗啦一声，牛的骨和肉一下子就解开了。

庖丁解牛体现了工匠精神，做任何事只要做到心到、神到、精益求精，就能达到登峰造极、出神入化的境界。

精益求精是注重细节的精神。细节决定成败。海尔的张瑞敏说得非常好：把每一件简单的事做好就是不简单，把每一件平凡的事做好就是不平凡。这既是积少成多的道理，也是精益求精的精神。注重细节，一丝不苟就是精益求精的精神体现。再远大的目标，也需要从小处着手。不注重细节，难免千里之堤，毁于蚁穴；为山九仞，功亏一篑。

为什么要培养精益求精的好习惯呢?

第一，精益求精，孕育创新。古今中外，人类发展史上任何一项创新、发明创造，都不是轻易获得的，更不是凭空臆想的产物，都是精益求精，并且经历了无数次失败和实践得来的。信息时代的孩子有了精益求精的习惯，做事更有可能求新创新。

电灯的发明者爱迪生就是精益求精的典范。早期刚刚发明出来的电灯用炭棒作灯丝，它虽然能发出亮光，但是光线刺眼，耗电量大，寿命也不长，很不实用。为了让千家万户都用上实用性强的电灯，爱迪生开始寻找更适用的灯丝材料：他用传统的炭条作灯丝，一通电灯丝就断了；用钌、铬等金属作灯丝，通电后，亮了片刻就被烧断；用白金丝作灯丝，效果也不理想……就这样，爱迪生试验了 1600 多种材料。一次次的试验，一次次的失败，很多专家都认为电灯的前途黯淡。英国一些著名专家甚至讥讽爱迪生的研究是“毫无意义的”。一些记者也报道“爱迪生的理想已成泡影”。面对失败和冷嘲热讽，爱迪生没有退却。他明白，每一次的失败，意味着又向成功走近了一步。经过 13 个月的反复尝试，爱迪生试用了 6000 多种材料，试验了 7000 多次，终于发明了人类历史上第一盏有实用价值的电灯。这一天——1879 年 10 月 21 日，后来被人们定为电灯发明日。

爱迪生的精益求精习惯是从小养成的。他家境贫寒，只读了三个月的小学就失学了。但他勤于自学，善于思考，对科学实验如痴如醉，可以想象，如果他没有精益求精的习惯，或许就不会有那么多创新思考和伟大创造。

第二，敷衍懒散让人庸庸碌碌。与精益求精相反，敷衍行事、马虎懒散的做事习惯将致人做事出错，难以有所成就。学习不精益求精，学而不得要领；工作不精益求精，产品低劣而成果平平；生活不精益求精，形象邋遢而精神萎靡。从小处讲，懒散使个人庸碌无为，葬送前程；从大处看，敷衍马虎、粗制滥造使得民族精神落后，难以强国富民。早在 20 世纪早期，鲁迅先生就一针见血地指出，中国四亿人生着一种病，那名称就是“马马虎虎”，不医好这个病，是不能救中国的。胡适先生曾写过《差不多先生传》，批评当时的国人缺少认真的精神。而时至今日，这类现象仍未根除。要消除国人的“马虎病”，必须从培养孩子精益求精的习惯做起，精益求精习惯事关孩子的一生，也关系国家的精神风貌，关系着国家的强弱、民族的兴衰。

怎样培养精益求精的好习惯？

第一，做“五心”人，行精益事。五心即细心、耐心、恒心、专心、尽

大网吧

心。细心可发现事情细节，细节决定成败。耐心可克服浮躁情绪，贵在耐住性子，有条不紊。恒心可坚持不懈，不达目的誓不罢休。专心可一心一意，心无旁骛，专注当下的事，取得成功。尽心可竭尽全力，尽职尽责，取得期望的效果。如此者人生事业必有得。要教育孩子拥有“五心”意识，并体现到实际行动中，一步步地锻炼自己。

第二，从身边的小事做起。事无大小巨细，每做一件事，都要尽心尽力，力求完善，精益求精。比如由于学习任务繁重，孩子往往满足于表面知识，很少多问几个“为什么”。家长不妨启发孩子在每天学习时，要多给自己提问题，开动自己的脑筋去思考，争取自己给出合理的答案，精进学习。或者安排一个时间，全家人坐下来，就某一方面的问题深入讨论，促进孩子学习中精益求精。

第三，家长带头精益求精。要想培养孩子精益求精的习惯，家长要起表率作用，要给孩子做出榜样。家长做事决不能“见好就收”或“差不多就行了”，要尽可能完善，然后再去严格要求孩子，向孩子提出问题，督促和引导孩子养成精益求精，使精益求精成为孩子的一种自觉行为。

★自我提升训练题

■自我评测

1. 每天太阳升起来的时候，非洲大草原上的动物们就开始奔跑了。狮子妈妈在教育自己的孩子：“孩子，你必须跑得快一点，再快一点，你要是跑不过最慢的羚羊，你就会活活地饿死。”在另外一个场地上，羚羊妈妈也在教育自己的孩子：“孩子，你必须跑得快一点，再快一点，如果你不能比跑得最快的狮子还要快，那你就肯定会被他们吃掉。”记住你跑得快，别人跑得更快。从生活角度看，这个故事的寓意是（　　）。

A. 只有做到最强最好，才有好的生活

B. 狮子妈妈真狠心

C. 羚羊妈妈会吓唬小羚羊

D. 都想跑得最快不可能，

正确答案：A

2. “无数事实说明，只有把全副身心投入进去，专心致志，精益求精，不畏劳苦，百折不回，才可能攀登科学高峰。”说这话的人是（　　）。

A. 刘少奇

B. 邓小平

C. 陈毅

D. 陈云

正确答案：B

3. “最美教师”“最美司机”“最美护士”“最美校长”……2012 年，很多“最美”的人向社会传递着他们的正能量。他们的正能量源自（　　）。

A. 敢于担当的敬业精神

B. 强烈的自我表现欲望

C. 精益求精的人生态度

D. 对他人的细心关怀和对社会的高度责任感

正确答案：A、C、D

■讨论分析

有人说，做事精益求精是成年人的事情，小孩子需要学习，培养孩子精益求精的习惯为时过早，这种说法对不对？

■实际体验

做游戏，主题是“争做精致礼，比赛精益心”。

游戏内容：激发创意与想象力，为老师亲手制作一件精益求精且特别的礼物

人数：6~8 人，每 2 个人为 1 个小组，每个小组成员共同协助、互相帮扶设计完成各自最能体现精益求精的礼物。完成后进行评比，投票选出最佳精益求精的作品。然后每个人再对得票最高的作品提出进一步的完善建议，由获胜者做意见汇总并评估后确定、完善方案，大家共同将其进一步加工成为精益求精的作品，然后写下所有参与者的名字，以所有参与者的名义赠送给老师。

要求：自主完成，制作材料成本总计不得超过 20 元。

勇于创新

为了培养孩子勇于创新的习惯，我们首先要和孩子一起理解什么是创新。

创新是发现和创造。创新是以新思维、新创造和新方法为特征的一种产物。通常包括三层含义：第一，完善更新；第二，创造新的东西；第三，改变。创新的目的或成果通常包括三个层面：一是前所未有的发现，使未知成为已知。比如牛顿的万有引力定律、爱因斯坦的相对论、抗生素的发现等，这类创新对人类社会的发展都有着深远的影响；二是全新且有意义的体验。比如说爱迪生发明的电灯让我们不再惧怕夜晚的黑暗，牙刷的发明让我们开始了每天刷牙的习惯；三是能够降低成本，提高效率。比如火车、飞机的发明，让人们大大提高了出行的效率；U 盘、网络传输的应用大大降低了文件保存与传送的成本。另外，创新也可以是一种方法或规则的建立，例如红绿灯、斑马线的发明，使社会交通有序；现在互联网的应用，如信息搜索系统、导航软件等，让生活更为便捷。

创新是一种发展规律。创新是自然发展规律。可以概括为创新五阶定律：以社会发展为例，当社会增长趋缓甚至停止，发展受阻时，出现创新第一阶；随之而来的是制约发展的问题、瓶颈被发现，便是创新第二阶；接着进入创新第三阶，即出现解决的方法或工具，也就是蕴育出创新；接下来创新确立，创新的方法被广泛应用，原有制约发展的瓶颈被打破，出现新一轮快速增长，这是创新第四阶；再接下来新一轮的增长渐渐滋生新的问题或瓶颈，增速放缓，此为创新第五阶；最后制约发展的问题日趋严重，增长再次陷入停顿，从而开始蕴育下一轮创新，循环发展至新一轮创新的第一阶段。由此我们可以发现，创新这一自然规律一直伴随着人类的发展。人类的整个发展史，实际上就是一部不断创造、创新的历史。人类社会从原始的钻木取火发展到现代科技文明，正是通过不断创造、创新来推动的。

创新是中华文化的优秀基因。中华文化自古以来就非常鼓励创新。商朝的开国君主成汤在澡盆上刻写警词："苟日新，日日新，又日新。"激励自己自强不息，创新不已。文中三个"新"字，本义是指洗澡除去肌肤上的污垢，使身体焕然一新，含义是每天除旧更新，持之以恒。在儒家经典四书之首的《大学》中，开篇第一句话就是"大学之道，在明明德，在亲民，在止于至善"。倡导人们追求光明，彰显善美，弃旧图新，不断向新向好。所以说，中华传统文化重视创新，将创新视为根本。

创新是勇敢者的选择。创新不容易。创新意味着改变。改变原有的思维，改变原有的习惯。所谓推陈出新、焕然一新，无不是诉说着一个"变"字，而变的背后不仅是没有经验可循，更意味着旧对新的抵制，创新意味着付出。因为创新要不断地探索与尝试，同时还需要不断地验证，验证的过程意味着大量的付出，意味着风险。很多时候，创新失败是常态，所以，创新需要"勇敢""积极""大胆"。懦弱胆小者与创新无缘，悲观厌世者与创新无缘，庸碌少智者与创新无缘。只有勇敢者才能"勇于创新"。

为什么要培养勇于创新的好习惯呢?

第一，创新型中国要求孩子有勇于创新的习惯。在 2006 年 1 月 9 日的全国科技大会上，时任国家主席胡锦涛宣布了中国未来科技发展的目标是到 2020 年建成创新型国家。党中央、国务院这一建设创新型国家的决策，已经实行了 10 年，距离 2020 年还有 4 年时间，2020 年以后我国将基本成为创新型国家，我国社会将基本进入创新型社会，人们生活将成为创新型生活。面对创新型国家和创新型社会生活的前景，现在的孩子长大以后正当其时，为了使孩子在未来的创新型社会中更好地生存，家长必须帮助孩子为未来的创新生活做准备，培养孩子勇于创新的习惯。

第二，国家的新型教育模式要求孩子要有勇于创新的习惯。建设创新型国家，必须要有一大批符合创新型国家需要的人才来承担重任，为此，国家全面实行“创造力教育”。我国目前实行的是不完全的“智力教育”，实质上就是“记忆力教育”，其特征是死记硬背，以单一的学习分数的高低来评价学生的优劣，学用脱节，脑手脱节，培养出来的学生有的高分低能，解决问题的能力差，缺乏探究精神，难以适应社会生存。这种“记忆力教育”模式，与建设“创新型国家”所需的教育模式不相符。“创新型国家”所需要的教育模式的特征应该是活学活用，以学分+技能+思维技巧+解决问题的能力等综合因素评价学生的优劣，推行以用为主的学用结合，脑、手、身五官并用，鼓励发散思维与探索精神，重点培养学生独立思考和独立解决问题的综合能力，主张学生的个性张扬，强调良好的道德品质，等等。在这种教育模式培养下，学生大多具有强烈的创新意识和能力，他们敢想敢干、思维敏锐、团结合作、社会生存能力强，能独立应付和解决许多新问题。这是“创新型国家”所需要的实用创新型人才。很显然，在“创新型教育”模式下，孩子受到的教育应该是创新型教育，所以孩子要具备勇于创新的好习惯。

第三，勇于创新缺失可能被淘汰。“不创新，就灭亡”——这是福特汽车创始人亨利·福特在福特公司濒临倒闭之时所发出的感慨，也被称为“王者的顿悟”。

亨利·福特是世界上唯一享有“汽车大王”美誉的人，他是开创汽车王国的王者。他不但给美国装上了车轮子，甚至可以说，是他将人类社会带入了汽车时代，福特汽车占据了世界汽车市场68%的市场份额。但是，伴随着巨大的成功，老福特的创新动力却越来越衰减。

二战之后，美国进入了大众化富裕时代，美国人对于速度、造型、环保以及个性化的需求越来越多元化，要求越来越高。小福特建议老福特推出豪华型轿车，却不为采纳，老福特甚至亲自用斧子劈毁了儿子的新车型。而通用汽车和其他几家公司则紧扣市场需求，制定正确的战略规划，生产节能低耗、小型轻便的汽车。在 20 世纪 70 年代的石油危机中，通用汽车一跃而上，而福特汽车却濒临破产。

老福特这才意识到自己的错误判断，转而根据小福特的意见推出豪华型轿车，但是先机已失，直到今天，福特汽车也没有回到它昔日龙头老大的宝座。老福特感慨地总结说："不创新，就灭亡。"

面对未来我国创新型国家和创新型社会，孩子如果没有勇于创新的习惯，就难以融入创新型大众生活，而且有可能被社会边缘化。

怎样培养勇于创新的好习惯?

第一，培养好奇心与求知欲。对事物发展规律以及原理的好奇心与求知欲可以激发我们创新的欲望。为什么天空是蓝的而不是绿的？为什么车轮是圆的而不是方的？心里总装着十万个为什么的人，往往能激发出无限的想象力。我们的先贤早就提出"格物致知"的重要性，将研究、了解事物的原理从而获得知识和智慧作为一切学问的出发点。所以要想具有创新力，首先要有一颗勇于探索、勤于求学的心。

第二，培养发现问题的能力。勇于创新需要我们有敏锐的发现问题的能力，同时要有敢于提出问题的勇气。发现问题不是用来抱怨和抨击的，而是用来创新的。每一个问题，每一个疑惑，其实就是我们的"创新点"。能够解决问题、消除疑惑，一定是有价值的创新。

第三，培养自信心。面对问题，需要培养自信心，相信自己有能力改变，相信自己能够解决问题。自信是成功的秘诀，自信可以促使我们勇于创新。爱因斯坦曾说过，自信是向成功迈出的第一步。

第四，培养创新激情。乔布斯说过，正是那些妄想改变世界的人改变了世界。当我们具备了创新的知识与能力，发现了问题，充满了自信，这时需要的就是创新的激情，因此培养创新激情非常必要。

第五，强化创新责任。在创新型中国，创新还是一种责任，孩子也不例外。创新责任是勇于创新习惯的心理基础，可促进勇于创新习惯的培养。创新责任心让孩子们自觉地着眼于未来。创新责任还表现在有控制失败风险和勇于承担失败后果的勇气和责任心，在挫折中奋起勇往直前，直至成功。

★自我提升训练题

■自我评测

1. 某小学的张同学是中国少年科学院的小院士，她从小就酷爱科学小制作，她发明了“盲人专用插座”。这种插座为盲人朋友的用电安全提供了保障。张同学的事迹表明（　　）。

A. 青少年要从小热爱科学、学科学、用科学，做科学的主人

B. 只有天才才能成功

C. 张同学初步实现了她的人生价值

D. 青少年要培养自己的创新意识和创新精神

正确答案：A、C、D

2. 在新一代移动互联网技术的浪潮下，全球许多名噪一时的大企业陷入困境；曾作为无线通信代名词的摩托罗拉被他人掌控；家电行业先驱索尼、松下和夏普巨额亏损；原来全球最大的智能手机平台塞班系统，如今只剩下2.6%的市场份额。这些案例表明（　　）。

A. 拥有最先进的技术储备，是企业长盛不衰的重要保障

B. 缺乏国家必要的技术规划，是企业由盛而衰的主要原因

C. 缺乏用于技术创新的资金投入，是企业竞争失利的根本原因

D. 适应市场发展趋势的技术创新，是企业保持竞争力的关键因素

正确答案：D

3. 来自美国好莱坞的动画巨作《功夫熊猫》横扫全球，电视剧《西游记》孙悟空的经典形象扮演者六小龄童评论说：“中国有功夫和熊猫，却没有《功夫熊猫》。”这启示我们（　　）。

A. 要博采众长，积极吸收外来的优点

B. 要继承传统，取传统文化之精华

C. 文化创新能够促进民族文化的繁荣

D. 在文化的内容和形式上要积极创新

正确答案：D

■讨论分析

文艺复兴是兴起于意大利，盛行于 14 世纪至 17 世纪的一场欧洲思想文化运动，揭开了近代欧洲历史的序幕。

请思考文艺复兴是复古还是创新？

■实际体验

制作一种长 15 厘米，宽 10 厘米的长方形卡片。现在只有一张长 45 厘米，宽 35 厘米的长方形纸，通过画、剪、计算等方法，问最多可以制成多少张卡片？

第四章

生活好习惯

生活习惯是指人为了生存和发展在进行各种生活行动中积久养成的一种生活方式。良好的生活习惯使人终身受益，不良的生活习惯则危害人的生存和发展。人的生活习惯要从小培养，孩童时期是形成良好生活习惯的最佳时期。因此，家长要帮助孩子尽早养成良好的生活习惯。这些良好的生活习惯主要包括生活自立、生活有序、科学饮食、生活节俭、讲究卫生、体育锻炼等习惯，通过这些主要生活习惯的培养，可以较好地保障孩子的身心健康，并使孩子生存、生活的能力不断提高。

生活自立

生活自立是指自我独立生活，不依靠别人，自己的事情自己做。孩子应该培养的生活自立习惯是指孩子不过分依赖父母，遇难事不完全依靠父母和老师的庇护，主要由自己安排日常生活，尽量自己开动脑筋，用自己的双手，自主处理日常生活中遇到的难题。生活自立是一种人生观，是一种良好的生活习惯,也是一种积极的生活态度。从小培养孩子的生活自立的良好生活习惯，就是培养孩子自立自强的人生观，培养孩子积极的生活态度。

有关研究结果表明，孩子独立性发展最快的时间段是两岁左右，在这个阶段，曾经事事依靠父母的小孩儿，往往变得遇事要自己动手，往往要求“自己来”。有时候孩子明明自己做不好，还不让父母或别人帮忙。在这个年龄段，如果父母对孩子生活自立发育阶段不很了解，也许会说：“孩子变了，变得不听话了！”如果父母仍像以前那样事无巨细地伺候孩子吃穿等行为，孩子有时就会发脾气。这是孩子成长过程中必不可少的一步，也是孩子可喜的进步。这个阶段是培养孩子生活自立习惯的最佳阶段，作为父母要顺势而为，因势利导，不要继续包办代替。凡是孩子自己能做的，凡是孩子自己要求做的，就让孩子自己做，帮助孩子养成生活自立的习惯。

为什么要培养生活自立的好习惯呢?

第一，生活自立可以促进生长发育。生活自立是心、脑、手、眼协调并用的行为，能促进身体协调生长。俗话说“心灵手巧”，手灵活尤其与人脑的发育有直接关系。生理科学表明，人的肢体行为能促进大脑发育，孩子年龄越小，生理和心理之间的关系就越紧密，身体各部位动作的发展需要大脑的协调支配，同时也能促进大脑的发育。所以，要多让孩子自己做事，增加锻炼机会，形成习惯，从而促进孩子的大脑发育并健全功能。

第二，生活自立可以促进生活能力提升。孩子生活自立习惯的重要性，还表现在能够促进孩子动作技能更协调，有利于孩子生活能力的培养。孩子生活能力是在生活中锻炼出来的，吃饭、穿衣、洗脸、整理玩具等，实质上都是孩子自我生活的具体行为，能增进肌肉发展和动作协调，能提高孩子自己解决生存、生活的能力。让孩子动手做事情，孩子的生活能力便在习惯性的生活自立活动中得到提高。

第三，生活自立可以促进自立人格的培养。2~3 岁是培养孩子独立自主人格的关键时期，在这一时期，孩子自己做自己的事情，伴随而来的是自信与成就感。孩子的自信，不仅来自于成年人的鼓励表扬，更来自于自身在完成以前所不能完成的任务后，所感受到的一种成就感，这是单纯的鼓励性语言所不能给予的。最初，孩子会遇到一定的困难，在不影响孩子情绪的情况下，父母给予适当的指导，孩子自己战胜困难的乐趣将会使孩子信心百倍。孩子有了自信，自立的愿望就会增强，逐步养成自立自强的人格。同时，孩子生活自立的举动还能从小培养起孩子对自己负责的态度和独立处理问题的能力，从而促进孩子自立人格的培养。

第四，生活自立可以促进人生发展。大量的信息和研究表明：孩子缺乏基本的生活自立，不仅会影响孩子当前的生活，而且也影响孩子将来的学习和生活。湖南曾有一名“神童”，17 岁考进中国科学院高能物理研究所，2003 年因生活不能自理被退学。这个孩子的母亲曾代劳他生活上的一切，甚至喂饭。他曾经的“神童表现”很突出：两岁学会

1000多个汉字，4岁基本学完了初中课程，8岁进入县重点中学，13岁以高分考入湘潭大学物理系，17岁又考入中科院高能物理研究所，硕博连读。但这个孩子却于2003年7月，在已经读了3年研究生以后，连硕士学位都没拿到，就被学校劝退了。被中科院劝退后，其求职、求学之路也一直不顺。2005年10月，上海一家航天研究机构邀请他去上班，由于生活的“不适应”，他辞去工作。此后，他曾在多地工作，中间还参加过北京工业大学生物物理专业的研究生考试，终未成行。这个案例说明生活自立多么重要，如果孩子小时候没有养成生活自立的习惯，即使是神童也不能延续“神迹”。

怎样培养生活自立的好习惯？

第一，家长更新爱的观念，改变爱的方式，把“做”的机会交给孩子。著名教育家陈鹤琴先生曾经提出：“凡是儿童自己能做的，应当让他自己做。”让孩子自己做力所能及的事情，是对孩子具有深远意义的爱。

前苏联著名教育家苏霍姆林斯基曾经指出：孩子的智力发展应当同时体现在手指的操作、语言的表达和用脑的思考上，动手、动口与动脑三者之间有着息息相关的内在联系。从小给孩子一双灵巧的小手，是促进孩子思维发展、丰富其语汇、增强其自信心的基础和前提。我们不要荒废孩子双手上的智慧，要教给孩子一些实干巧干的方法和技能，这是孩子学会生存学会自主的起点。这也是孩子学会生活自立的起点。所以，为了培养孩子的生活自立习惯，要给孩子“做”的机会。

生活中，这种深远的爱的观念和方式容易被父母忽视。父母往往通过细心周到的照顾来施爱，并习惯性地事事代劳。殊不知，父母代办的做法无意识地减少了孩子动手学习的机会，会造成孩子的生活依赖性。父母的责任是为孩子创造自立做事的条件，帮助孩子强化自立意识，激发孩子的主观能动性，并放手让孩子做，不去代替。

第二，适当加以引导。首先确定引导孩子生活自立的适当范围，原则是孩子能做、想做。凡是孩子愿意做的力所能及的事情，就要支持孩子“自己做”，鼓励孩子做，让孩子充满自信地做。其次是循序渐进地培养孩子生活自立的习惯。随着孩子年龄的增长，要不断地扩大孩子“自己做”的范围。如 1 岁的孩子要自己吃饭，就应该满足其要求，而不要怕孩子把饭洒到桌上、地上而拒绝孩子自己吃饭。2 岁左右的孩子要自己洗手洗脸，自己爬楼梯，自己穿、脱鞋子等，均应允许孩子自己做。孩子 3 岁以后更要逐年扩大孩子自己做的范围，这样，既可锻炼孩子动作的灵活性、准确性，又可增强孩子生活自理自立的能力。

引导孩子生活自立要做好示范，教会孩子“自己做”的方法和技能，帮助孩子进步、成功，从而获得足够的自信心。由于孩子年龄小，能力差，在尝试“自己做”时，难免会出现一些问题，这时家长更应耐心指导，不能急躁、呵斥。

孩子要自己做一些事，有时候只是一时兴趣所致。孩子的做事兴趣广泛却并不稳定，往往今天要自己做的事情到了明天就不感兴趣了，以致于不想做了。因此，要帮助孩子从小养成自己的事情自己做的好习惯，作为父母还要经常提醒孩子按时去做该做的事，如适时“洗脸”“洗手”等，引导孩子保持“自己做”的兴趣，督促孩子“自己做”，激励孩子持之以恒，从而逐渐养成自己的事情自己做的好习惯。

当孩子自己做事的时候，父母应注意观察孩子做事的过程，防止孩子马马虎虎做事。孩子做事后父母应给予评价，特别是要多给予正面的鼓励，增强孩子继续做下去的勇气和力量。

引导孩子生活自立包括父母的语言和行为帮助。家长可以根据孩子的自立水平决定提供帮助的程度。清楚的示范动作配以适当的语言讲解，会收到事半功倍的效果。

第三，着眼生活自立能力培养。培养孩子生活自立习惯的最终目的在于培养孩子生活自立的能力，因此，培养孩子生活自立习惯不能孤立进行，家长应当注意孩子相关方面习惯的培养，比如自主思考习惯等，只要孩子自己能够思考的事情就让孩子自己去思考，这样有利于孩子生活自立习惯和能力的培养。

家长应当培养孩子自己做决定的习惯和能力。凡是可以让孩子参加谈论做决定的家务事或属于孩子的事情，应当让孩子作为平等的家庭成员参与讨论，只要孩子说得对，就照孩子的意见办。比如孩子的假期生活安排，就要和孩子一起商量，而且要尽量尊重孩子的意见，尽量让孩子自己拿主意。

家长还要注重孩子战胜困难品质的培养。因为孩子生活自立容易遇到困难，在困难面前容易放弃自立行为，这时，家长要鼓励孩子克服困难，并帮助他。让孩子认识到，自己终归要长大，终归要独立，困难并不可怕，良好的自立习惯就是在不断战胜困难中培养出来的。

第四，从点滴小事做起。生活自立习惯不能眼高手低，应该从小事做起，从孩子学做家务开始。生活中可以让孩子自己准备自己的生活用品，比如，睡觉前自己整理好第二天要穿的衣服、鞋袜，准备好第二天要用的学习用品，并摆放在明显的位置等，如果孩子一时做不到，家长可给予提示，当孩子养成习惯的时候，不仅孩子自己做事井井有条，家长也会觉得省心省力了。

再如，孩子在幼儿园或学校做值日时，家长不能说消极话，否则可能冲淡孩子的劳动意识、责任意识、义务意识，孩子可能会觉得受到不公平对待。家长要鼓励孩子尽心尽力当好值日生，这也是家长配合幼儿园、学校共同培养孩子生活自立习惯的一个方面。

★自我提升训练题

■自我评测

1.“滴自己的汗，吃自己的饭。自己的事情自己干，靠人靠天靠祖上，不算是好汉。”这句话的出处是（ ）。

A.《章太炎全集》

B. 鲁迅的《呐喊》

C. 蔡元培的《中国伦理学史》

D. 陶行知的《自立歌》

正确答案：D

2.“人既要有雄心壮志，又不能自高自大、目中无人，自立自强是生活的基本原则。”是（ ）说的。

A. 英国丘吉尔

B. 前苏联斯大林

C. 美国德怀特·戴维·艾森豪威尔

D. 美国罗斯福

正确答案：C

3. 孩子日常生活中，属于生活自立的表现有 （ ）。

A. 自己的衣服自己洗

B. 遇到很小的困难时，马上向妈妈求救

C. 妈妈经常给她叠被子、收拾书包等

D. 父母外出时,自己做饭,自己料理生活和家务

正确答案：A、D

■讨论分析

一项研究结果表明，爱干家务和不爱干家务的孩子，在成年后的失业率、犯罪率之比为 1:15 和 1:10，爱干家务的孩子成年后的离异率、心理疾病率也较低。这项研究结果有什么启示？

■实际体验

学习是孩子生活的一部分，培养孩子学习自立的习惯很重要。家长指导孩子找三五个幼儿园或小学同班同学，或年龄相仿的孩子，组成学习小组，人员最好固定下来，到自家一起做作业，或者孩子到别人家（一定要选择有自觉学习能力的孩子） 。实验一学期，看效果如何。一般来说，小伙伴们一起学习、做作业，都会受到熏陶。

生活有序

生活有序是指生活有规律，有秩序，也就是按照人体生理规律，并参考现实环境的条件和需要，科学合理地安排日常生活、工作和学习，在一定的时间里，该干什么就干什么，不该干什么就不干什么。生活有序能够让人的身体和心理处在比较稳定的状态。与生活有序相反是生活无序，现在有不少青少年生活处于无序状态，比如有的孩子通宵玩游戏，玩累了就睡觉，第二天早饭也不吃，一直睡到下午三四点钟，长年累月基本不锻炼身体，有的还抽烟、喝酒。这些孩子也许他们当时不觉得有什么不妥，或者觉得没什么，就是喜欢而已，但是长期下去，便会伤害身心健康，失去人生的活力和动力。所以我们要注重从小培养孩子生活有序的习惯，防止沾染不良习气而贻害孩子的一生。

为什么要培养生活有序的好习惯呢?

第一，生活有序是科学的生活方式。人的生理活动有周期性的规律，称为生物钟。生物钟紊乱就会生病甚至死亡。欧美名酒威士忌商标上的老人头像是一个长寿老人托马斯·伯尔，他活了 152 岁零 9 个月，英国国王查理一世想见这位传奇老人，派人将他请到皇宫，改变了他的生活习惯和规律，不到一周就死亡了。由此可见，拨准生物钟，生活有规律、有秩序很重要，人应该从小对起床、吃饭、活动、午休、喝水、锻炼、睡眠等进行合理安排，养成生活有序的习惯，这对一生的好处不可估量。

第二，生活有序有利于一生的成长和健康。根据世界卫生组织的资料：人类的健康寿命问题有60%涉及生活方式，只有40%在于遗传和生存的环境条件（其中15%为遗传因素，10%为社会因素，8%为医疗条件，7%为生活环境和地理气候条件），由此可见，有序生活对人的生命极为重要。世界闻名的康德教授有句名言："一个人如果生活中表现出杂乱无章，毫无次序和节制，他便不可能有充沛的精力和体力。"从心理学的角度来说，生活有序精神好。按照事情的轻重缓急有序生活，然后逐一解决，不仅可以大大提高工作效率，还可有效缓解生活压力，愉悦心情，有益人的身心健康。

心理学家坎纳曾编制了两个量表：一个是日常生活中小困扰的量表，共计117个题目；另一个是日常生活中令人兴奋的量表，共计135个题目。戴·隆基斯（Delongis）于1982年使用这两个量表，对100个成年人进行了9个月的连续测试研究，被测者每个月填写一次量表。结果表明：被测试人的健康状况主要与小困扰出现的频率和强度有关，这正如人们在日常生活中感受到的那样，繁多杂乱的琐碎事，令人烦躁不安，增添人的苦恼。后来的研究者也认为，日常生活积累的困难比重要生活事件更能影响健康。

生活经验告诉我们，日常生活琐碎事所带来的小压力不能小觑，而生活有秩序可以减轻、释放生活压力，甚至可以使人暂时忘却生活的烦恼，从而保持相对愉悦的心情，给人带来有条不紊的快乐感。然而，有序的生活习惯不是与生俱来的，需要从小培养，所以我们要让孩子懂得这个道理，从点点滴滴的事情做起。

第三，生活有序有利于未来的事业发展。美国卡耐基先生是生活有序的典范。有一次，他接待一位公司老板的拜访，这位老板对卡耐基干净整洁的办公桌感到很惊讶，于是问卡耐基："卡耐基先生，你没处理的信件放到哪里了？"卡耐基回答说："我所有的信件都处理完了。"这位老板紧接着又问："那你今天没干的事情又推给谁了呢？"卡耐基微笑着回答："我所有的事情都处理完了。"看到这位公司老板困惑的神态，卡耐基解释说："原因很简单，我知道我所要处理的事情很多，但我的精力有限，一次只能处理一件事情，于是我就按照所要处理的事情的重要性，列一个顺序表，然后就一件一件地处理。结果，完了。”听完卡耐基的解释，这位老板明白了：“噢，我明白了，谢谢你，卡耐基先生。”

几周以后，这位公司的老板请卡耐基参观其宽敞的办公室，对卡耐基说：“卡耐基先生，感谢你教给我处理事物的方法。过去，在我宽大的办公室里，我要处理的文件、信件等，都是堆得如小山一样，一张桌子不够，就用三张桌子。自从用了你说的法子以后，情况好多了，瞧，再也没有没处理完的事情了。”这位公司的老板，就这样找到了工作生活的方法，几年以后，他成为美国社会成功人士的佼佼者。

为了在成年以后能够有序地生活，使个人的事业很好地发展，一定要让孩子从小养成有序生活的习惯，就像卡耐基先生那样根据事情的轻重缓急，列一张日常事物处理顺序表，让孩子体验合理有序生活和学习的快乐，从而使孩子更有效地利用时间和提高效率，为以后的事业成功打下良好的基础。

怎样培养生活有序的好习惯?

第一，强化有序生活的意识。首先是父母要确立有序生活的意识，特别是那些长期无序生活的年轻父母们更要“改过自新”，哪怕是为了孩子的成长，也要改掉无序生活的习惯，否则，势必给孩子造成不良的影响。其次要培养孩子有序生活的意识，要让孩子知道有序生活的重要性，防止孩子沾染杂乱无序的生活方式。

第二，正常作息。正常的作息是指每天入睡与起床的时间稳定、有规律，在该睡觉的时候就睡觉，该起床的时候就起床，孩子应保证每天有充足的睡眠时间。但现实中，有不少人喜欢晚上熬夜，白天睡觉，该工作的时候不工作，该睡觉的时候不睡觉，整天精神不振。一定要让孩子养成正常作息的习惯。

第三，科学用餐。一是保证一日三餐，二是定时定量。一日三餐是保证孩子每天体力和精力的重要来源，不少人不重视孩子的早餐，随随便便，简简单单吃点儿就行。殊不知早餐是一天当中最重要的一餐，长期不吃或吃不好早餐，不仅会对胃造成伤害，也会影响一个人的精神状态。

第四，生活多样。生活有序就是让多样生活秩序化、规律化，多样有序的生活贵在有张有弛，有紧有松。每天留一点时间给孩子，让孩子玩耍、娱乐、与同伴交谈，这样能够对孩子的生活起到很好的调节作用，提高孩子的生活质量。

运动能够帮助孩子调节身心，补充能量。每天抽出一点时间让孩子适当地活动，并长期坚持下去，让它成为孩子生活的一部分，使孩子的生活有动有静。

同时还要注重孩子的精神生活，给孩子提供一定的文化、娱乐活动，让孩子的生活丰富多彩，使孩子的身心都能够愉悦。

第五，制定生活时间表。什么时间做什么事情，什么时间解决什么问题，要有个计划，天长日久就成了习惯，关键是能不能坚持，比如按时睡觉和按时起床，最好有家庭日常生活时间表，包括孩子的日常生活时间表，营造一个家庭生活有序的氛围，培养孩子生活有序的习惯。

★自我提升训练题

■自我评测

1.“生活方式病”成为人类的头号杀手，是（　　）做出的预测。

A. 联合国

B. 联合国教科文组织

C. 世界卫生组织

D. 联合国儿童基金会

正确答案：C

2. 下列生活表现属于“生活方式病”的是（　　）。

A. 缺乏睡眠不运动

B. 边吃饭边刷微信

C. 经常不吃早餐

D. 经常吃街边烧烤

正确答案：A、B、C、D

3. “一个人如果生活中表现出杂乱无章，毫无秩序和节制，他便不可能有充沛的精力和体力。这句话说明了（　　）。

A. 生活有序的重要性

B. 生活杂乱无序影响人的体力

C. 生活杂乱无序影响人的精力

D. 生活重要

正确答案：A、B、C

■讨论分析

有人说做游戏是孩子的正常生活，应该纳入孩子的生活计划，也有人说做游戏不应纳入孩子的生活计划，请思考自己如何看待做游戏这件事情？

■实际体验

孩子做手指游戏：大拇指醒来了，你早，你早；食指醒来了，刷牙，刷刷牙；中指醒来了，洗脸，洗洗脸；无名指醒来了，梳头，梳梳头；小拇指醒来了，一起做早操！坚持一月，看对有序生活习惯的培养有无帮助。

科学饮食

饮食在维持生命、促进健康、延年益寿等方面有着非常重要的作用。人们饮食的根本目的在于使人气足、精充、神旺、健康长寿。科学饮食就是在营养学理论指导下，按照人体生长发育的生理需要和工作学习的需要饮食，也就是常说的健康饮食。科学饮食的核心是平衡膳食、合理营养。完善合理的营养可以保证人体正常的生理功能，促进健康和生长发育，提高机体的抵抗力和免疫力，有利于某些疾病的预防和治疗。

合理营养要求膳食能够供给人体所需的全部营养素，既不缺乏，也不过量；平衡膳食则主要从膳食方面保证人体营养素的需求，以达到合理营养，它不仅需要考虑食物中含有营养素的种类和数量，还要考虑食物合理的加工方法、烹饪过程中如何提高消化率和减少营养素的损失。

科学饮食的一般原则主要有：一是营养要平衡，摄取的各种营养素比例要恰当，摄入量与机体需要量应保持平衡。即所需热能与热能来源配比平衡，氨基酸平衡，脂肪酸平衡，酸碱平衡，维生素平衡及无机盐（常量元素及微量元素）平衡。二是食深色食品，一般深色、浓色的天然食品，营养价值高，所含维生素、微量元素、无机盐多，对人体有保健作用。三是品种要多样，任何一种天然食物都不可能提供人体所需的全部营养，因此不可偏食。常规膳食每天必须包括谷物、薯类、动物性食物、大豆及其制品、蔬菜、水果等。同一类食物也要经常变换不同的品种，还要结合多种副食食用。四是尽量不吃或少吃烧、烤、煎、炸等油腻食物，这些食物在人体中难以消化吸收，不仅增加了胃肠的负担，还破坏了天然风味。过咸、过腻的食物是高血压、心血管疾病的诱发因素。过甜的食品与肥胖症、糖尿病和心血管病有密切关系。五是食物搭配应科学，主食、副食和零食应合理搭配，粗细粮应结合食用。糖类、脂肪和蛋白质的比例一般为 58%、30%和 12%，同时，应充分重视对微量元素和膳食纤维的摄取。六是食天然无害食品，提倡吃天然食品。食物原料及生产制作食品的辅助材料，包括色素、香料、调味品及添加剂等，应均为天然物质，而不是人工化学合成物。

科学饮食应讲究方法，饮食方法可以概括为 5 句话 20 个字：讲究营养，重视保健，力求科学，保证卫生，免受毒害。免受毒害当前非常迫切，因为屡见市场上有毒食品、有毒蔬菜的报道，应该特别警惕。

为什么要培养科学饮食的好习惯呢?

第一，科学饮食可使营养均衡。现在，经济社会不断发展，人们生活水平不断提高，居民的营养状况、膳食营养摄入都得到了明显的改善。但是，仍然存在一些问题，如食物生产不能适应营养的需求，城市和农村居民都存在营养不均衡的状况，居民的营养和健康知识缺乏等。人们都知道，营养是人的一项关键发展目标，虽然有些疾病是由生活方式等多种因素作用所致，但饮食不科学、膳食结构不合理、肥胖、营养不均衡仍是其中特别重要的因素。因此，每个人有必要实行科学饮食。小孩子的营养决定其发育状况和一生的成长，所以更应该科学饮食，并养成习惯，使之终生受益。

第二，科学饮食是保健的需要。饮食科学则能养身治病，饮食不科学则能伤身致病。所以饮食科学合理是非常重要的，也是必须的。饮食习惯科学能够保证生命肌体正常运转。饮食习惯有悖于科学，无异于慢性透支健康。很多人虽然知道饮食对身体健康的重要性，但又模糊地认为，只要食用营养丰富的食品就够了。在这种观点作用下，饮食追求“食不厌精”“食不厌细”，这自然影响健康。影响人体健康的因素很多，包括疾病、营养、是否锻炼、社会压力、精神情绪、环境与气候等，但是，生活中往往是“病从口始”“衰从口入”，因为不合理的饮食会使营养不平衡，从而影响身体内部的环境，破坏体内的生物代谢过程，加速肌体衰老。为了防止“病从口始”“衰从口入”“未老先衰”，必须从小养成科学饮食的良好习惯。

第三，科学饮食是发扬中华传统饮食养生文化。中华传统饮食养生文化博大精深，是中华民族文明的标志之一。中国饮食养生文化认为：饮食是维持人体生命活动的根本条件，对人身健康至关重要。食品，“用之充饥则谓之食，以其疗病则谓之药”。完全合理的食物结构是人们长寿的保障。一日三餐，合

理分配，反对暴饮暴食。饮食要合乎时序，注意时令。中国饮食养生文化是中华民族的一份宝贵文化遗产，其正确性正逐步被现代科学所证实。孩子培养科学饮食习惯，不仅是发育成长和健康的需要，也是学习中华传统饮食养生文化的需要。

怎样培养科学饮食的好习惯?

第一，家长要以身作则。少儿是饮食习惯形成的关键时期，在饮食习惯、饮食行为形成的过程中，往往模仿家庭中的成年人，如果家长中有人有不吃早餐、挑食、偏食等不良习惯，孩子很容易形成同样的不良习惯。有时候家长无意中当着孩子的面说自己不喜欢吃某些食物，那么这种说法就能够对孩子的饮食习惯造成影响，孩子会对大人所说的这种食物产生厌恶的想法。因此，要想培养孩子有良好的饮食行为和习惯，家长必须以身作则，不挑食，不偏食，比如家长坚持吃好早餐。早餐不仅要吃，而且不能马马虎虎。早餐要有碳水化合物（谷类）、蛋白质（动物性食物）、奶类、蔬菜和水果等。

第二，要有耐心。当孩子挑食、偏食时，父母不要着急，要有耐心，因为不良习惯的纠正需要长期、持久的努力，强迫、惩罚、哄骗、说好话等消极的办法不是长效办法，有时还会产生负面影响。家长应该坚持以自己良好的饮食习惯和行为影响孩子，示范科学饮食的好处。不强迫孩子吃某种食物，带领孩子定时吃饭，每种食物都要吃一些，避免不爱吃的食物吃得少，爱吃的食物吃得多。

耐心指导孩子吃零食。营养学家认为，孩子处于长身体的特殊时期，对能量和各种营养素的需要量比成年人相对要多，三餐之外，再吃一些有益于健康的小食品，能够为身体发育提供一定的能量和营养素，孩子们还能够从零食中得到一定的享受。但家长必须注意购买营养价值高、卫生干净的小食品做零食。对年龄大的孩子，家长应该教他们选择营养相对均衡、全面的零食，并指导孩子控制、安排吃零食的时间。让孩子明白，吃零食应在两顿饭之间，且数量不宜过大，以免影响吃正餐。临睡前不吃零食，因为睡前吃零食会增加胃肠负担，影响睡眠，若不注意刷牙则易生龋齿。吃零食要控制一定的量，如果不加控制，会在不知不觉中吃下太多的零食，造成孩子肥胖。

第三，学习科学饮食知识。现代营养科学揭示，人们进食的真正目的是为了从外界摄取人体正常生理功能所需要的营养素，人体在正常的生长发育和生存活动中，需要 50 多种营养物质，可归纳为蛋白质、碳水化合物、脂肪、维生素和无机盐等五大类营养素，这些营养素要靠饮食获取。中华传统中医理论认为，每一种食物都有它的特性，有四气：寒、热、温、凉，有五味：酸、甘、苦、辛、咸，讲究食物和季节的合理搭配，这与食物烹饪理论“春多酸、夏多苦、秋多辛、冬多咸”相吻合。家长要和孩子一起学习传统饮食文化、中医传统养生理论、现代营养科学知识，特别是学习国家发布的《中国居民膳食指南（2016）》，该指南针对 2 岁以上的所有健康人群提出了 6 条核心推荐，分别为：食物多样，谷类为主；吃动平衡，健康体重；多吃蔬果、奶类、大豆；适量吃鱼、禽、蛋、瘦肉；少盐少油，控糖限酒；杜绝浪费等。这些都是安排孩子饮食食谱的可靠标准。

第四，拒绝不良饮食习惯的污染。社会上，有不少人和家庭的饮食习惯不好，比如谷类吃得少，主食太单调，营养靠补品，早餐马虎、午餐应付、晚餐过度，越稀有越要吃，零食、饮料当正餐等，不渴不喝水，餐后点支烟，吃饭饮酒，饭后喝浓茶，狼吞虎咽快吃饭等，这些都是不良的饮食习惯，家长一定要带领孩子远离这些习惯，拒绝饮食污染。

要远离不健康食品。市面上的食品不全是健康食品，有些不法分子甚至销售有毒食品，家长一定要与孩子一起保持警惕，注意选择。

要远离不科学的饮食场所。路边饮食摊位缺乏基本的卫生条件，食材受汽车尾气和灰尘等污染严重，还有一些类似的饮食场所，家长最好不要带孩子去就餐，常在路边摊位就餐是不科学的饮食行为，应当杜绝。

★自我提升训练题

■自我评测

1.《中国居民膳食指南（2016）》是（　　）发布的。

A. 国家卫生计生委

B. 国家发改委

C. 中国科技协会

D. 国家教育部

正确答案：A

2. 下列维生素中，对维持正常视力有重要作用的是（　　）。

A. 维生素 A

B.维生素 B

C. 维生素 C

D. 维生素 D

正确答案：A

3. 缺铁的孩子可以补充下列哪种食物（　　）？

A. 乳类食品

B. 西红柿

C. 猪肝

D. 胡萝卜

正确答案：C

■讨论分析

忍点饥、受点寒，历代儿科医家都视为育儿的金科玉律。到了明代，医家万密斋提出“若要小儿安，常受三分饥与寒”。请思考，当今物质生活丰富，人们摄取的食物热量越来越高，“常受三分饥与寒”还有无意义？

■实际体验

联系几个同伴、同学，开展“科学饮食，健康成长每一天”活动，认识五谷杂粮、蔬菜、水果中所含的营养，了解垃圾食品中所含的毒素，探究不合理饮食及垃圾食品对身体造成的危害，认识科学饮食的重要性，践行科学饮食，养成不偏食、不挑食的饮食习惯，坚持一个学期，看看效果。

生活节俭

生活节俭是指生活有节制，不浪费。生活节俭是人在满足生活需要和追求人生幸福的时候，对资源适当地利用、避免浪费的自觉行为。换言之，生活节俭就是既满足自身生活幸福，又尽量降低现有财富的消耗、降低幸福生活的成本投入、节省自然资源。生活节俭源于生物趋利避害的本性，闪烁着人类智慧的光芒。

节俭是维持人类生存的必需，对个人是一种科学的生活方式，对家庭是一种优良家风，对社会是一种精神文明，实行节俭生活，是现代人、现代家庭的分内之事，每一个家庭都应节俭生活。从几千年的家文化看，节俭是人生和持家之本。

节俭是一种睿智，是正确的人生观、金钱观和利益观在生活上的表现，古人云:“良田万顷，日食三餐；广厦千间，夜卧八尺。”节俭能使人不做金钱、利益的奴隶，远离贪欲，淡泊名利。

节俭的精髓是一种远见。节俭能让人去除生活中多余的繁枝缛节，回归生活的本真；既把日子过得五味俱全，又能摒弃过度的奢华，引导人们抵制低级趣味，不役于金钱，不役于物质，做一个自由而有尊严的人。

为什么要培养生活节俭的好习惯呢?

第一，生活节俭是一种美德，也是一种优秀文化，同时也是修身养性、提升思想道德素质的重要途径，可以全面促进养德。中国人历来讲究节俭，反对奢靡，认为奢靡是薄俗、是祸胎，做人节俭则人兴，做人以奢则人败，持家以奢则家败，做事节俭则事成，做事以奢则事衰。古人曾说“俭，德之共也；侈，恶之大也”“俭节则昌，淫佚则亡”“俭则足用，俭则寡求，俭则可以成家，俭则可以立身”“俭则约，约则百善俱兴；侈则肆，肆则百恶俱纵”“惟俭可以养廉”，中华民族五千年的生活节俭史说明，生活节俭可使人成为有德之人、家庭成为有德之家。孩子从小养成节俭的习惯，就是从小继承中华民族节俭的传统，并能在这种传统的文化道德氛围中健康成长。

第二，生活节俭有利于兴家兴业。孩子长大后要成家立业，从家庭建设角度来说，节俭持家则家兴，任何家庭都经不起浪费。养成生活节俭习惯可以精打细算生活，减少不必要的生活开支，需要的东西该买就买，不需要的东西坚决不买，这是一个重要的家庭建设理念。只要不浪费食物，不浪费生活用品，不浪费钱财，不浪费资源，不浪费时间，穷家也可脱贫，富家也能久富，创业也可成功。天有不测风云，人有旦夕祸福，有了生活节俭习惯，可以经受和应对不期而遇的困难，渡过难关。

第三，生活节俭可抵制浪费恶习。现在，有不少孩子在生活中存在浪费现象。有的学龄孩子在学校乱丢学习用品，教室里常常出现半支铅笔、整块橡皮无人要的情况。有的小学生洗手后不把水龙头拧紧，看到水龙头滴水也不去关。不爱惜粮食，在校园的垃圾箱里经常可以看到没有吃完的面包、喝了半瓶的水。有些学生缺乏节俭意识，从父母那里要来钱后，随便乱花，花光了再回家向父母要，若父母不给，就编造学校要交钱买资料或买学习用品之类的谎言。孩子中的浪费现象会产生传导影响。现在，社会上成年人不节俭的现象，也对孩子形成潜移默化的不良影响。为了孩子的身心健康和长大后的发展，必须培养孩子节俭的习惯。

怎样培养生活节俭的好习惯?

第一，家长要带头生活节俭。家长要首先端正节俭的认识，真正懂得生活节俭是现代文明的组成部分。节俭不是小气、吝惜。节俭不是过“苦行僧”的日子。节俭不是向往清贫。过去提及节俭，容易想到“一分钱掰成两半花”“新三年、旧三年、缝缝补补又三年”的清贫。其实，这是对节俭的偏见和短视。同时，家长要注重言语

引导。家长要充分了解孩子在不同年龄阶段的心理特点，从孩子的身边事入手，培养孩子节俭的习惯。家长节俭还要体现在行动上，给孩子一个节俭的家庭环境。比如树立正确的金钱观、消费观和价值观，制定家庭生活节俭规范，随手关灯节电、用完水拧紧水龙头、吃饭碗中不剩米等，家长都应率先垂范，成为孩子学习的榜样。这样久而久之，就会对孩子产生潜移默化的积极的影响，使节俭真正入脑、入心、入行，帮助孩子树立节俭意识，促使孩子在生活中自觉节俭。

第二，适当“穷养”孩子。现在不少孩子都是家里的“小皇帝”，从小生活在“富裕”的环境中，要什么有什么，不知道劳动挣钱辛苦，不懂得珍惜劳动成果。“由俭入奢易，由奢入俭难。”作为父母，我们可从小“穷养”孩子，营造一种“贫穷”的生活环境，让他们养成节俭的习惯。当然，“穷养”并不是刻意地去追求“劳其筋骨，饿其体肤”，而是在物质上对孩子有所限制。同时，父母有时可“狠”一点，找机会让孩子“受点儿罪”，体验一下劳动的艰辛。比如，带孩子去农村体验粮食种植，让孩子感受“谁知盘中餐，粒粒皆辛苦”以及收获的喜悦，这对培养孩子节俭习惯有好处。

第三，让孩子独立消费。孩子到了能独自进行一些小额消费的时候，如买点零食等。父母就要放手，让孩子体验独立消费。原则是不能让孩子大手大脚花钱。孩子自己有钱，花钱也要学会节省。如坐公交汽车时，父母身边没有零钱，让孩子付，孩子会很乐意，有时孩子还会主动要求坐没空调的车，省点钱。这就是孩子学会节约的一种表现。对孩子来说，让他自己体验节约花钱，比口头重复节俭道理更为有效。

第四，指导孩子理财理物。首先，家长要制定孩子零用钱合理发放、使用计划，按照计划给孩子零花钱，并限制数额，不能有求必应，应根据孩子年龄大小、实际用途和支配能力，定时定量给予。家长要了解钱花在哪里，如果孩子无法说明钱的用途，家长应暂停“发放”。其次，要引导孩子养成记账的习惯。对小一些的孩子，父母可以帮着记录每一笔钱的用途，孩子大一些后，就可以指导孩子自己记录。父母还可以根据记录的内容，和孩子一起讨论哪些钱是不需要花的，哪些是必须花的。

可以给孩子准备一个旧物整理箱，让孩子把暂时不用的东西都放进去，这样也能帮助孩子养成节俭的习惯。

★自我提升训练题

■自我评测

1.“历览前贤国与家，成由勤俭败由奢”出自（　　）之口。

A. 李白

B. 杜甫

C. 白居易

D. 李商隐

正确答案：D

2.“一粥一饭，当思来处不易；半丝半缕，恒念物力维艰。”出处是（　　）。

A.《颜氏家训》

B.《曾国藩家书》

C.《朱子家训》

D.《傅雷家书》

正确答案：C

3.“节俭的就昌盛，淫佚的就灭亡。”这是古语（　　）的解释。

A.“富贵不能淫。”

B.“俭，德之共也：侈，恶之大也。”

C.“俭节则昌，淫佚则亡。”

D.“黄金本无种，出自勤俭家。”

正确答案：C

■讨论分析

有一组“中国式浪费”的数据：每年餐桌上浪费的粮食高达2000亿元，完全可以解决2亿多人一年的食物需求；每年有2600多万吨旧衣物被丢进垃圾堆；每年仅从水龙头、抽水马桶和管网滴漏所浪费的水，可以填补全国城市用水缺口的近一半……

请思考自己应该怎么做?

■实际体验

孩子自行学习了解既科学又节俭的生活知识，结合自己和自家的生活实际，制定衣食住行玩等方面节俭的具体规划，其中包括节俭的标准和措施，如少吃零食，着装整洁大方得体，不攀比，不追求名牌。纸张使用双面，室内光线充足时不开电灯，不随意丢弃塑料瓶等，每月对照检查一次，巩固孩子的节俭习惯。

讲究卫生

“卫生”，其本意是卫护人的生命，维护人的健康。“卫生”可做名词，其意义为“维护生命或保护身体”的行为，或理解为“维护生命或保护身体所采取的一切措施”，其中包括预防和治疗疾病、维护和增进健康所采取的一切措施、行为。在现代汉语中，“卫生”也作形容词，意思是“干净”“清洁”。

从一般意义上说，卫生指个人和社会为增进人体健康，预防疾病，改善和创造合乎生理、心理需求的生产环境、生活条件所采取的卫生措施，包括以除害灭病、讲卫生为中心的爱国卫生运动。

通常意义上，“卫生”一词，现今主要指讲究清洁、预防疾病、有益于健康的行为和习惯。

这里所说的“讲究卫生”是指家庭教育中培养孩子讲卫生的生活习惯，即教育孩子在日常生活、学习、交往等场合中按照科学的卫生要求，讲究干净整洁，注意预防疾病，不乱丢弃垃圾，保持所处环境和自身行为文明卫生，并养成卫生习惯，杜绝不卫生行为。

孩子讲究卫生习惯的内容主要指个人卫生：早晚洗脸、刷牙、清洗鼻腔，勤换衣物，睡前洗脚，及时理发、勤洗头、洗澡，勤剪指甲。饮食卫生方面应做到：生吃瓜果要洗净，不喝生水，不吃腐败变质的食物，不挑食和偏食，饭后不马上进行剧烈活动。勤洗手方面应做到：饭前后、便前后应洗手，吃东西前应洗手，劳动（干活）后应洗手，做游戏后应洗手，触摸脏东西后应洗手，触摸传染病人的东西后应洗手，从公共场所回来后应洗手。用眼卫生方面应做到：看书写字时要注意姿势正确，光线适宜，眼与书本的距离应保持一尺左右（30~35 厘米），时间不可过久。走路、乘车时不看书，不躺着看书。坚持做眼保健操。保护牙齿方面应做到：吃东西后漱口，早晚刷牙，不咬过硬的东西，不吃过冷过热的东西，睡前不吃东西，患牙病及时治疗，不咬笔头和手指 。保护鼻腔方面应做到：早晚清洗干净鼻腔，清除鼻腔中的病菌、病毒，防治感冒、鼻炎等呼吸道疾病。在尘埃较重的环境中，佩戴口罩，避免过多粉尘进入鼻腔，削弱鼻腔生理功能。避免抠鼻子损伤鼻腔黏膜。当存在鼻屎的时候，应小心清洗干净鼻屎。

为什么要培养讲究卫生的好习惯呢?

第一，讲究卫生有利于健康成长。卫生习惯好与坏，关系到孩子的生活环境、身体健康、个性品质发展等，是孩子精神风貌的缩影。习惯讲究卫生，对孩子成长发展具有重要的意义。可以营造孩子干净整洁的生活环境，增强孩子对疾病的抵抗力、免疫力，增强孩子的体质，促进孩子的生长发育和智能的良性发展，促进孩子的心理、情绪、精神面貌改善向好，促进孩子其他良好行为习惯和健康人格的形成，成为一个健全的孩子。孩子良好的卫生习惯也是家庭文化的缩影，对于形成良好的家德、家风有积极作用。为了孩子的成长和家风的传承，培养孩子卫生习惯势在必行。

第二，讲究卫生可适应未来更文明的社会。孩子长大时的未来社会是物质文明和精神文明程度更高的社会。良好的卫生习惯是未来文明人的重要素质之一，或者说良好的卫生习惯是未来文明人必备的基本条件和素质。孩子现在年龄小，但却是未来文明的新一代。为了让孩子逐步具备这样的素质，必须引导孩子养成讲究卫生的良好习惯。

第三，讲究卫生对改变民族的卫生面貌和道德风尚有重要意义。孩子不仅是家庭的未来，也是祖国的未来，我们民族的卫生面貌需要不断改善和提升，这就要从孩子抓起，培养孩子讲究卫生的习惯。当代孩子讲究卫生，中华民族未来的卫生面貌和道德风尚就会更好。

怎样培养讲究卫生的好习惯?

第一，强化讲究卫生的意识。孩子卫生习惯的养成归根结底在于孩子的内因，只有孩子了解讲究卫生对个人身体和家庭的意义，认识到卫生的重要性，形成爱卫生、讲卫生的意识，才能从小树立起“讲卫生光荣，不讲卫生可耻”的新风尚，并在生活中身体力行，逐步形成习惯。培养孩子讲究卫生的意识可用讲究卫生的事实来说明，反面案例更有说服力。生活中，不讲卫生而得病的案例时有发生，这些现实案例，可促使孩子懂得不讲究个人卫生的危害：可能得病，得病就损害身体健康，影响正常生活，除了自己痛苦外，也会给亲友带来痛苦与麻烦，警示孩子养成良好的卫生习惯。

第二，学习卫生知识。孩子要养成卫生习惯，卫生知识必不可少，家长可有选择地带领孩子学习一些必备的卫生知识。比如根据年龄段选学《幼儿卫生学》《学前儿童卫生学》《儿童少年卫生学》等学科知识，根据不同的季节、不同的气候适时选学季节性、气候性卫生保健防病知识，根据身体部位选学个人卫生知识，如手、眼睛、牙齿、鼻腔、口腔、耳朵等方面卫生知识，还可根据活动项目选学有关知识，如饮食卫生、学习卫生、玩耍卫生、勤洗手等活动的卫生知识。这些卫生知识对孩子很重要。现在有的成年人由于小时候没有学过，几十年来又不学，一直不会科学洗手。以后的孩子应该普及生活卫生知识，这是孩子养成卫生习惯的知识基础。由于孩子小，学习中要注意启发孩子的兴趣，采取讲故事等孩子能够接受的方法来实施。如学习不乱丢果皮纸屑的知识，可结合“猪八戒吃西瓜”的故事，增强学习效果。

第三，营造家庭卫生氛围，鼓励孩子的卫生行为。孩子好的卫生习惯养成与家庭卫生氛围有紧密联系。现在基本是独生子女家庭，大部分家庭教育存在过分保护、娇宠溺爱、事事代劳的现象。有的家长舍不得让孩子自己动手搞卫生，这样不仅不利于孩子卫生习惯的培养，而且也会使孩子养成事事依赖家长的习惯。因此，家长可一方面搞好家庭卫生，营造良好的家庭卫生氛围熏陶孩子讲究卫生，发挥家长的带头作用、示范作用。另一方面则放手孩子自己动手搞卫生，鼓励孩子通过自己的卫生行为来培养卫生习惯，家长只发挥指导、督促作用，对于孩子好的卫生表现，可酌情给予奖励，对卫生懒惰表现，可予以批评教育。

第四，锻炼讲究卫生的意志力。孩子卫生习惯的养成是一个长期的过程，需要卫生意志力来支撑。讲卫生意志是孩子卫生习惯形成的保证，没有坚强的意志力，往往导致孩子无法坚持卫生行为，无法养成严格的卫生习惯。因此，家长要注重孩子卫生意志力的培养锻炼。当孩子有了一定的卫生意志力，孩子便能较好地克服懒惰，按卫生要求去做。为了培养孩子的卫生意志力，家长应该严格管理家庭卫生，严格要求孩子讲卫生。比如只要发现孩子个人有不卫生现象，马上指出、改正。培养和训练卫生意志力就是培养和训练讲卫生的习惯，不会一蹴而就、一劳永逸，家长还要有耐心，常抓不懈。

★自我提升训练题

■自我评测

1. 书写、阅读时，眼睛和书本的距离应是（　　）。

A. 30~35 厘米

B. 一尺左右

C. 50 厘米

D. 80 厘米

正确答案：A、B

2. 吃喝东西的卫生大致事项有（　　）。

A. 吃东西前应洗手

B. 生吃瓜果要洗净

C. 不喝生水

D. 吃完后清洗用具

正确答案：A、B、C、D

3. 保护牙齿要做到（　　）。

A. 吃东西后漱口

B. 坚持早晚刷牙

C. 睡前不吃东西

D. 患牙病及时治疗

正确答案：A、B、C、D

■讨论分析

有的人看到自己或他人吃了不干不净的食物以后，无不适感觉，也没有发病，于是就说：不干不净，吃了没病。请思考这样说到底对不对？

■实际体验

家庭设置卫生管理制度，孩子可根据自己的年龄、能力，尽可能搞好自己的卫生，尽可能参加家庭卫生活动，每周总结一次，看自己的卫生习惯有无长进，坚持下去，必有收获。

体育锻炼

这里所讲的体育锻炼是指孩子根据身体需要，自我选择体育项目，结合自然力和相应的卫生措施，以增进健康、增强体质、调节精神、丰富文化生活和支配余暇时间为目的的体育活动和习惯。

孩子们体育锻炼可以独自进行，也可与家人或同伴一起进行。孩子体育锻炼的方法不拘一格，基本原则是因人制宜、循序渐进、持之以恒、强度适宜、注重效果、培养习惯等。适宜的锻炼项目可以大致有行走、跑步、跳绳、乒乓球、羽毛球、体操等。

孩子处在长身体时期，适度的体育锻炼，可以促进身体生长发育，提高免疫力，对抗、减少疾病，可以健美体型，放松神经，性格开朗，心情快乐，提高自信。

孩子如果缺乏足够的体育锻炼，会影响身心正常发育，其大脑、智力发育也不会很好。

为什么要培养体育锻炼的好习惯呢?

体育锻炼不能间断，间断则影响锻炼效果，孩子唯有从小养成良好的体育锻炼习惯，才有可能一生坚持体育锻炼，健康成长，延年益寿。

第一，体育锻炼促进健康成长。体育锻炼是生命的重要组成部分，学习成绩只管一阵子，健康则管一辈子。孩子培养一个可以陪伴一生的体育锻炼习惯，是很重要的事。现在生活水平不断提高，但儿童健康却未整体同步提高，有数据显示，儿童的肥胖比率越来越大，全国青少年儿童近视数量几年前已接近1亿，近视发病率高达70%至80%。2012年中国5岁以上人口中，近视人口高达4.5亿。若没有有效的政策干预，到2020年，中国5岁以上人口的近视患病率将增长到51%左右，患病人口将达7亿。国内外大量研究和实践表明，缺乏运动是儿童肥胖的元凶，也是儿童近视的重要因素，体育锻炼对消除儿童肥胖、保护视力很重要。如英国剑桥大学的一项调查表明，儿童每周多在户外玩耍1小时，其近视患病风险将降低2%。著名的《自然》杂志2015年3月也撰文指出，近视爆发的根本原因在于青少年缺乏足够的户外运动。日本、韩国小学生视力健康优于中国，其原因是“孩子们户外运动的时间受到高度重视”。日本中小学每天都有体育课，此外，学校还额外规定了1小时的锻炼时间，学生可自由选择喜欢的运动项目。而韩国也早已推出了“7560”计划，即让学生们每周7天有5天进行锻炼，每次运动至少60分钟。由此可见，培养体育锻炼习惯对孩子的身体健康多么重要。

第二，体育锻炼能促进大脑发育，提高聪明度。现代脑科学研究成果表明，科学、合理的体育锻炼不仅能够提高孩子的身体素质、身体机能，塑造良好的身体形态，还能影响和促进大脑的发育，使孩子大脑的思维反应更为活跃、敏捷，从而保障儿童的身心健康发展，提高认知能力和学业成绩。哈佛大学医学院临床副教授瑞迪曾说：“最好的教育方式是既能锻炼你的大脑，又能锻炼你的身体。我们的祖先就是以奔跑作为本能，运动越多，锻炼到我们的大脑就越多，也就是说运动越多，大脑就越聪明。”如跳绳运动以下肢弹跳及后蹬动作为主，并带动手臂、腰部、腹部的肌群运动，促使呼吸加深加快，吸氧增多，二氧化碳排泄加速，加上绳子刺激拇指穴位，两脚心不断地被地面按摩，通过足反射区刺激大脑，思维、记忆、联想力大增。正所谓“四肢发达，头脑灵活”。

第三，体育锻炼促进心理健康。体育锻炼本来就具有调节人体紧张情绪的作用，能改善生理和心理状态，恢复体力和精力；能舒展身心,有助安眠及消除读书带来的压力；能使疲劳的身体得到积极的休息，使孩子精力充沛地投入学习；可以陶冶情操，保持健康的心态。体育锻炼一旦形成习惯，坚持不断，对孩子精神心理上的综合益处就会长久在身，提高孩子综合素质，比如还会培养执着做事、坚持不懈、吃苦耐劳的精神。孩子的集体体育活动还会培养集体主义精神。

怎样培养体育锻炼的好习惯?

第一，坚持每天锻炼。光说不练，难成习惯。每天锻炼是养成锻炼身体习惯的根本方法。通过每天的锻炼活动，孩子的身体锻炼便自然而然地成为无意识的、自发的行为，天长日久，习惯自然成。孩子和成年人的身体不同，锻炼时应该遵循孩子身体发育的特点，每天锻炼的时间不能过长，强度控制在身体的承受范围内。锻炼项目可以与日常活动以及肢体运动型的娱乐玩耍活动结合起来。锻炼的方式可以自行锻炼，也可与家人一起锻炼，也可与同伴一起锻练。孩子锻炼身体一般可做常规运动，如跑步、球类等，不宜进行高难度的锻炼项目。孩子锻炼身体的场所尽量选择室外，但应注意安全，不宜在马路边进行跑步、赛跑、滑行等。尽量少去运动会所锻炼身体。家长要注意监护孩子的身体锻炼，一旦需要，及时予以指导。

第二，了解人体运动知识。21 世纪的孩子应该做到科学锻炼身体，不能再凭“想当然”而盲目锻炼。现在，随着社会的发展，有关科学锻炼的理论和方法，已经成为一门新的专业课程，具备了孩子科学锻炼的知识条件。了解科学锻炼知识是科学锻炼的基础，家长可帮助孩子购买或下载一些锻炼身体、生理发育的专业资料，从中了解与孩子年龄段相适应的身体锻炼知识，包括锻炼时间、锻炼项目、技术要领、身体防护与保护注意事项等。比如 0~6 岁孩子肢体运动发育指标，中国 7 岁以下儿童生长发育参照标准，《国家学生体质健康标准（2014 年修订)》等。有了科学锻炼的知识，便可使体育锻炼不至于走偏，可以较好地防止孩子体育锻炼走入误区，危害身体发育。

孩子们往往对各类体育明星感兴趣，也愿意学点专门的体育技术，家长可在这方面使孩子如愿以偿，这样，可丰富孩子的体育生活，多方面强身健体。同时，也会激发孩子的锻炼热情，坚持身体锻炼。良好的体育锻炼习惯往往就是在这种体育热情中养成的。

第三，严格作息时间。严格作息时间是利用生理节奏的规律，确定锻炼时间，使孩子逐步建立固定的体育锻炼意识，落实身体锻炼。家长应尽量要求孩子每天晚上在固定时间就寝，早晨在固定时间起床，并在固定时间进行体育锻炼，锻炼时间也基本相同。当夏天炎热、冬天寒冷、节假日时间宽松的时候，尽量不改变孩子的生活规律，使孩子保持良好的“生物钟”，这样，天长日久，锻炼身体的习惯就会逐渐形成。家长还要给孩子体育锻炼提供必要的支持，如配备运动衣裤、运动鞋袜、跳绳等，这还可使孩子感到父母的鼓励。

第四，家长带头锻炼。如果父母一方面督促孩子按时起床锻炼身体，自己却早上睡懒觉，节假日整天猫在家里看电视，这对孩子锻炼习惯的养成有负作用，时间一长，孩子就会产生逆反心理，会把体育锻炼看成负担和惩罚。很多家庭证明，同孩子一样锻炼，或与孩子一起锻炼，可以营造家庭体育锻炼的氛围，可对孩子锻炼习惯的养成有熏陶作用。因为孩子喜欢模仿大人的行为，大人带头锻炼，尤其是同孩子进行比赛，更能引起孩子的兴趣，有利于养成锻炼的习惯。

如果有的父母本身没有锻炼身体的习惯，这时候更要有“重当小孩子”的精神，放下家长架子，与孩子一起培养锻炼的习惯，为了孩子，这样做是值得的。

★自我提升训练题

■自我评测

1. 增强学前儿童体质最有效的途径是（　　）。

A. 吃好穿好

B. 家庭环境

C. 体育锻炼

D. 参加劳动

正确答案：C

2. 调整幼儿体育游戏的活动量最主要应考虑（　　）。

A. 幼儿生理变化

B. 幼儿活动兴趣

C. 幼儿对游戏的掌握程度

D. 幼儿对游戏的参与程度

正确答案：A

3. 科学安排学前儿童运动量的原则是（　　）。

A. 以大运动量为主

B. 适量性

C. 由大到小

D. 高难度

正确答案：B

■讨论分析

2015 年，各省市高考状元中，至少有 20 名高考状元是体育运动的积极分子，引起了人们的注意，请思考这个现象说明了什么？

■实际体验

参考国内外儿童体育锻炼资料，制定一份体育锻炼计划，每日落实，周末、月底写出文字总结，总结的内容包括体育锻炼、身体状况、生活（学习）状况，并保存备考，以观后效。

第五章

安全防护好习惯

在日常生活中，孩子的日常活动有可能遇到不安全的因素，并可能造成人身事故。中国每年都有很多儿童受到各种形式的意外伤害，比如中毒、溺水、交通等安全事故，这其中排除不可预见的自然灾害和人力不可抗拒的重大事故外，约80%通过预防措施和应急处理可以避免。“生命只有一次”，孩子“安全第一”！因此，家长要帮助孩子增强安全意识，养成自我保护的好习惯，特别是养成地震防护、火灾防护、电灾防护、拐骗防护、不良文化污染防护等主要自我安保习惯，争取避免身心受到伤害。

地震防护

人类赖以生存的地球，是茫茫宇宙中一颗年轻的星球，但她也存在约46亿年了。地球运动过程中，会持续不断地发生一系列小的变化，即自然变异，这些变异是地球演化进程中为适应内外部环境而进行的“微调”。但这种“微调”，却可能给人类的生存与发展带来严重威胁。当这种自然变异（包括人类活动诱发的变异）给人类社会带来危害时，即构成自然灾害。

自然灾害是人与自然矛盾的一种表现形式，是人类过去、现在乃至将来所面对的最严峻的挑战之一。我国幅员辽阔，地质、地理条件复杂，气候异常多变，环境基础脆弱，经常遭受多种自然灾害的侵袭。各类灾害中，尤以地震危害最大。因此，我们要帮助孩子养成防震避震习惯。

为什么要培养地震防护的好习惯呢？

第一，做好地震防护可防震灾于未然。地震和刮风、下雨一样，是一种自然现象，据统计，全球每年约发生500万次地震，绝大多数地震由于发生在地球深处或者它释放的能量小而人们难以感觉到，人类可以感觉到的地震约有5万次，占地震总数的1%左右。地震震级分为九级，5级以上的地震会造成破坏，每年约发生1000次。7级以上的地震被称为强烈地震，平均每年有十几次。强烈地震是一种可怕的灾难。强烈地震会引发地面剧烈摇晃，使房屋倒塌、道路损毁、汽车被砸扁等，人也会被埋压在建筑物下或被砸伤、砸死，一座美丽的城市可能瞬间变为废墟。地震还可能引起海啸、火灾、水灾、山体滑坡等次生灾害。危害如此严重，专家指出，今日技术尚不能准确预报地震的发生。作为普通人，我们只有学习防震知识并养成防震习惯以求自保。孩子是家庭的未来和希望，更应养成防震的好习惯。

第二，做好地震防护有利于保护生命安全。汶川大地震中，紧邻北川的四川安县桑枣中学，虽然也遭受地震重创，但全校2200多名学生、上百名老师，从不同的教学楼和不同的教室中，全部冲到操场，以班级为组织站好，用时1分36秒，无一伤亡，创造了一大奇迹。可见，孩子学会地震灾害自我防护并养成习惯，十分必要。

第三，缺乏地震防护不利于抗震减灾。2008年5月12日发生的汶川地震，严重受灾地区达10万平方千米。这次地震危害极大，遇难69227人，受伤374643人，失踪17923人。其中四川省68712人遇难，17921人失踪，共有5335名学生遇难，1000多名学生失踪。直接经济损失达8452亿元。地震灾害之所以如此巨大，专家认为其中一个重要原因是人们地震灾难意识薄弱。在突如其来的地震面前，人们普遍缺乏防范意识，也缺少应对突发灾难的经验。正如有关专家指出：如果在地震发生前，向人们提供关于地震的防护教育，那么地震灾害也许不会夺去那么多人的生命。为了应对随时可能出现的地震，从小孩子做起，培养地震防护习惯势在必然。

怎样培养地震防护的好习惯？

养成地震防护的好习惯，重在让孩子了解地震防护的常识，牢固树立地震防护的意识，经常进行地震防护训练，要让孩子学会自我防震、避震、救护的方法措施，具备地震灾害防护能力。

第一，家庭紧急避震。地震时如果在家里，可以躲到空间狭小的地方，如厕所等地方。

大地震从开始到震动结束，时间不过十几秒到几十秒，因此抓紧时间进行避震最为关键，如果感觉晃动很轻，说明震源比较远，只需躲在坚实的家具底下就可以。

地震中要选择合适的避震空间。室内较安全的避震空间有：承重墙墙根、墙角；有水管和暖气管道等处。躲藏地点离门近点儿，门最好打开，可以背靠在门框上，手抱头，待地震结束时准备随时转移，为逃生准备活路。屋内最不利避震的场所是：没有支撑物的床上；吊顶、吊灯下；周围无支撑的地板上；玻璃（包括镜子）和大窗户旁。

紧急避震要点：选择小开间、坚固家具旁就地躲藏。蹲下或坐下，脸朝下，额头枕在两臂上，或抓住桌腿等身边牢固的物体，尽量蜷曲身体，降低身体重心；保持镇定，迅速关闭电源、燃气，随手抓一个枕头或坐垫护住头部在安全角落躲避，可用湿毛巾捂住口、鼻，以防灰土、毒气；躲避时不要靠近窗边或阳台上去！千万不要跳楼！如果已经离开房间，千万不要地震一停就立即回屋取东西。因为第一次地震后，接着有可能会发生余震，余震对人的威胁也很大。

平时防震要点：目前我国少数家庭已养成在日常生活中准备灾害应急包的习惯，应急包里的物资应该科学、实用、合理。

家庭及学校应分别为孩子准备一个应急包，应急包摆放在固定位置，装备以下物品：压缩干粮和水，并定期进行更换以防食物过期；创可贴及急救药品；具有无线电和报警功能的手电筒；声音穿透力更强的高频口哨；可以盛装尿液的封闭塑料袋；用消防防火材料制作的防灾帽子，可保护头部和保暖；平时喜欢的玩具和书本等陪伴物。

在家防震口诀：一蹲二躲三抓牢，床底衣柜不要钻，身在高楼不近窗，靠近门前把门开。

第二，学校紧急避震。如果发生地震时正在教室内，要保持镇定，不要惊慌失措，千万不要匆忙逃离教室。

避震要点：应立即蹲下身子，双手护住头部，将书包顶在头上，躲在桌子下。或就近寻找承重墙或课桌旁等安全的三角空间，远离玻璃窗前等危险区域。躲避的姿势可采用卧倒或蹲下的方式，使身体尽量低，将一个胳膊弯起来保护眼睛不让碎玻璃击中，另一只手用力抓紧桌腿。在墙角躲避时，把双手交叉放在脖子后面。尽量拿书包或者坚固的物体遮住头部和颈部。卧倒或蹲下时，也可采取其他安全防护姿势：脸朝下，头近墙，两只胳膊在额前交叉，右手正握左臂，左手反握右臂，前额枕在臂上，闭上眼睛和嘴，用鼻子呼吸。等震波一停，立即迅速有序撤离至安全区域。

疏散要点：疏散撤离时，要迅速、有秩序地前进，不要慌乱奔跑，不要争先恐后。不能在楼梯或走廊里互相拥挤，避免跌倒。如出现拥挤摔倒，后面要停止不动，等险情排除后，再顺序撤出，决不能踩踏。不能大声喊叫，因为大声呼喊就听不到老师的话和危险的声音，会出现危险状况。疏散过程中，以双手或单手护头，以防被砸。疏散途中要尽量避开建筑物和电线以及其他有可能会掉下来砸在头上的物体。逃生后，千万不要返回教室取任何东西。

汶川大地震发生时，四川省安县桑枣中学 2300 多名师生，无一人伤亡。他们当时的避震方法是："地震波一来，老师喊：所有人都趴在桌子下！学生们立即趴下去。老师们把教室的前后门都打开了。震波一过，学生们立即冲出了教室。”

参加学校防震演练要点：现在学校普遍重视防震训练。作为学生，一定要思想重视，积极、自觉、认真地参加训练，不能马虎应付。要按照老师的训练方案和要求，把训练当作真地震，做好做实每一个动作。要知道，平时训练好，地震安全好；平时训练差，地震人害怕。

在校孩子要熟记学校防震口诀：学校人多最怕乱，保持镇定勿慌张，头顶书包躲桌底，顺序离室到空地。

第三，室外紧急避震。地震发生时，如果孩子在室外或者街道上，应该立刻往空旷的地方转移，避免站在建筑物等附近。

如果孩子在野外活动，应避开山脚和陡坡，防止地震引起山体滑坡或山石滚落。如果人在海边，则应该迅速撤离海边，以防地震会引起海啸，造成双重自然灾害。

室外避震要点：就地选择开阔地避震，蹲下或趴下，以免摔倒。不要乱跑，避开人多的地方，不要随便返回室内。避开高大建筑物或楼房，特别是有玻璃幕墙的建筑；避开过街天桥、立交桥、变压器、电线杆、路灯、广告牌、吊车等；避开狭窄的街道、危旧房屋、危墙。

孩子还要熟记室外防震口诀：就近选择开阔地，避开高大建筑物，慎防坠物和电线，争先恐后最危险。

第四，公共场所紧急避震。如果孩子在公共场所，要根据不同的场地，就近选择躲避处。

人多场合避震要点：在影剧院、体育馆等处，可就地蹲下或趴在排椅旁，尽量用书包等保护头颈部，注意避开吊灯、电扇等悬挂物；等地震过去后，听从工作人员指挥，有组织地撤离。

在商场、书店、展览馆、地铁等处，可选择结实的柜台、商品（如低矮家具等）或柱子边，以及内墙角等处就地蹲下，用手或其他东西护住头；避开玻璃门窗、橱窗和柜台；避开高大不稳和摆放重物、易碎品的货架；避开广告牌、吊灯等高耸或悬挂物。

在行驶的电（汽）车内避震要点：可用手牢牢抓住拉手、柱子或坐席等，降低重心，躲在座位附近，并注意防止行李从架上掉下伤人；面朝行车方向的人，要将胳膊靠在前坐席的椅垫上，护住面部，身体倾向通道，两手护住头部；背朝行车方向的人，要两手护住后脑部，并抬膝护腹，紧缩身体，作好防御姿势；地震过去后再下车。

禁忌要点：在公共场所发生地震时，千万不要慌乱拥挤，要保持镇定，若在商场等高层建筑物内，千万不要使用电梯，可就近躲避，待地震停止后从安全通道离开，但也不要随人流拥向出口，要避开人流，听从现场工作人员的指挥。如不得已被挤入人流，要防止摔倒；把双手交叉在胸前保护自己，用肩和背承受外部压力；随人流而动，避免被挤到墙壁或栅栏处；同时解开领扣，保持呼吸畅通。

第五，废墟自救。假如地震时不幸被废墟掩埋，小孩子最重要的是保存体能，合理分配水和食物，并利用手电筒、报警器、口哨及身边可发出声响的物体进行呼救。

要牢记自救原则：要尽量用湿毛巾、衣物或其他布料捂住口、鼻和头部，防止灰尘呛闷发生窒息，也可以避免建筑物进一步倒塌造成的伤害。

尽量活动手、脚，清除脸上的灰土和压在身上的物件。

用周围可以挪动的物品支撑身体上方的重物，避免进一步塌落；扩大活动空间，保持足够的空气。

几个人同时被压埋时，要互相鼓励，共同计划，团结配合，必要时采取脱险行动。

寻找和开避通道，设法逃离险境，朝着有光亮更安全宽敞的地方移动。

一时无法脱险，要尽量节省气力。如能找到代用品和水，要计划着节约使用，尽量延长生存时间，等待获救。

保存体力，不要盲目大声呼救。在周围十分安静，或听到上面（外面）有人活动时，用砖、铁管等物敲打墙壁，向外界传递消息。当确定不远处有人时，再呼救。

小孩子应记住SOS求救信号，为“三短、三长、三短”，可利用声响传递信号，也可用手电筒开关控制光亮传递信号；此外，家长应为孩子准备一张随身应急卡，上面写有孩子姓名、年龄、父母姓名、联系方式等信息，以便地震发生后准确核实身份。

★自我提升训练

■自我评测

1. 当地震发生时你在家里（楼房），应如何避震（　）？

A. 躲在桌子等坚固家具的下面，房屋倒塌后能形成三角空间的地方

B. 去楼道

C. 原地不动

D. 跳楼

正确答案：A

2. 当地震发生时正在课堂上，应如何避震（　）？

A. 马上向教室外跑

B. 听老师指挥

C. 蹲在地上

D. 涌向楼梯间

正确答案：B

3. 人们在避震“自救瞬间”首先选择的是（　）。

A. 先保护双手

B. 先保护胸部

C. 先保护头

D. 先保护双脚

正确答案：C

■讨论分析

地震的突发性很强，往往使人措手不及，防不胜防。因此，每个家庭在平时就要准备好一个应急包，以解避震、震中自救以及震后的燃眉之急。应急包所装物品数量不能太多，以方便携带。一般必须存放的物品应该有哪些？

■实际体验

与父母一起寻找地震时家中适宜躲藏的避震空间，认识安全通道，与家长一起制定家庭地震逃生方案。

火灾防护

火是具备双重性格的“神”。火与我们的生活息息相关，为生活带来了很多便利。但是，火也隐藏着极大的危险，如果使用不当或者管理不好，就会引发火灾。火灾是指在时间和空间上失去控制的燃烧所造成的灾害。在各种灾害中，火灾是最经常、最普遍威胁人们安全和社会发展的主要灾害之一。

根据《生产安全事故报告和调查处理条例》规定的生产安全事故等级标准，火灾分为四大级：特别重大火灾、重大火灾、较大火灾和一般火灾。根据物质燃烧特性把火灾分为五类：固体火灾（如纸张、木材、衣服、塑胶等引起的火灾）、液体火灾（如酒精、汽油等）、气体火灾（如煤气、液化石油气、天然气等引起的火灾）、金属火灾（如钾、钠、镁、锂等及禁水物质引起的火灾）和电器火灾（一般带电设备所引起的火灾）。

为什么要培养火灾防护的好习惯呢?

第一，做好火灾防护可积极应对火灾。引起火灾的原因不少，只要有火灾防护习惯，孩子便可积极应对。雷击：如果可燃物遭受雷击，就可能引起火灾。用电：用电不当是引起火灾的重要原因之一，小孩子一定要注意家庭用电安全。燃气：使用液化石油气、天然气、煤气等燃气不当也会引起火灾，孩子最好在有大人看管的情况下使用燃气。玩火：有的孩子对火很好奇，觉得很好玩，趁大人不在家时把火柴、打火机、蜡烛拿出来点火玩，这是十分危险的。

燃放烟花爆竹：孩子都喜欢燃放烟花爆竹，如果不能按规定燃放，不仅会造成人员伤亡，而且会引起火灾。

第二，做好火灾防护可防止孩子造成失火。因孩子们年龄小、身心稚嫩、生活经验缺乏等，防火安全是一个不容忽视的重要问题。据相关调查显示，有超过30%的孩子在家能轻而易举地拿到火柴和打火机等点火器具，40%的孩子有玩火经历，近40%的孩子在日常生活中至少有过一次烫伤经历。此外，51.8%的孩子还未掌握基本的消防灭火常识和火灾自救知识，有33%的孩子对火灾危害缺乏认识。在住校学生中，针对所在寝室的环境，有37.01%的学生没想过火场逃生问题。这个案例说明，孩子们很缺乏火灾防护的常识，所以我们要培养孩子养成防护火灾的习惯，以减少火灾的危害。

第三，火灾防护有助于火灾自救、逃生。2008年上海商学院的火灾留给人们宝贵的警示。2008年11月14日早晨6时10分左右，上海商学院宿舍楼602室发生火灾，寝室里共有6名女生，其中2名拿起脸盆冲出门外到公共水房取水，另4名则留在房中灭火。然而，当取水的女生回来后，却发现寝室门打不开了。不一会儿，大火越烧越旺，4名穿着睡衣的女生被浓烟逼到阳台上。蹿起的火苗不断扑来，吓得她们惊声尖叫。宿舍楼下，大批被紧急疏散的学生纷纷往楼上喊话，鼓励4名女生不要慌乱，等待消防队员前来救援。可是，在凶猛的火魔面前，4名女生逐渐失去了信心。一名女生的睡衣被烧着了，她从6楼阳台跳下，摔在底层的水泥地上。看到同伴跳楼求生，其余3名女生相继跳楼。与此同时，滚滚浓烟灌进了隔壁601寝室，将屋内2名女生困在阳台上。所幸消防队员接警后及时赶到，强行踹开宿舍门，将女生们救了出来。此时，距4名女生跳楼求生不过几分钟时间。火灾发生时，不恰当的火灾自救逃生行为让4名女生丢掉了年轻的生命。可见，平时养成正确的火灾防护习惯多么重要！

怎样培养火灾防护的好习惯?

养成火灾防护习惯，重在让孩子了解火灾预防和火灾救护常识，了解火灾的严重危害，牢固树立火灾防护意识，自觉预防火灾。最为重要的是，对孩子进行必要的火灾防护训练，学会不同情况下的自救方式，锻炼火灾自救逃生能力。

第一，强化防火意识。小孩子要养成防火习惯，首先要培养预防火灾的思想意识，不能对火灾漠然。其次，参与家里对与火有关的设施设备的安全检查

和维修，了解设施状况。学习掌握预防火灾的生活知识，并在生活中认真实行，不论何时何地何种场合，切实注意防火。小孩子切记不要玩火，不随身携带火柴或打火机等火种，不得随意点火，禁止在存放易燃物品处用火，不在公共场所燃放鞭炮、烟花等危险物品，更不能将点燃的鞭炮乱扔。同伴一起玩乐时，不做玩火游戏，如有人提议做类似游戏，应坚决反对或远离。

一是学会报告火警。牢记火警电话“119”，牢记报火警时的主要步骤：一要讲清着火点所在区县、街道、胡同、门牌号或乡村地址；二要说清是什么东西着火和火势的大小，以便消防部门调出相应的消防车辆；三要说清楚报警人的姓名和使用的电话号码；四要注意听清消防队的询问，正确简洁地予以回答，待对方明确说明可以挂断电话时，方可挂断电话；五要报警后到路口等候消防车，指示消防车去火场的道路。

二是会使用灭火器材。小孩子预防火灾还要学会常用灭火器材的使用。灭火器是一种轻便的灭火工具，它可以用于扑救初起的火灾，控制蔓延。不同种类的灭火器，适用于不同物质的火灾，其结构和使用方法也各不相同。

干粉灭火器适用于扑救石油、石油产品、油漆、有机溶剂和电器设备火灾。

泡沫灭火器适用于A类、B类及醚、醇、酯、酮、有机酸、杂环等极性溶剂火险场所。

二氧化碳灭火器适用于扑救600伏以下的带电电器、贵重物品、设备、图书资料、仪表仪器等场所的初起火灾，以及一般可燃液体的火灾。

1211灭火器适用于扑救易燃液体和可燃液体、可燃气体。

第二，家庭火灾防护。家庭火灾一般是由于人们疏忽大意造成的，往往事发突然，令人猝不及防，后果很严重，孩子一定要学会防护，不能疏忽大意。

一是炒菜防火。油温升到油的着火点锅会着火，有时还会窜起较高的火焰，若处理不当，会造成重大火灾事故。孩子独自在家做饭一定要小心。为了预防火灾，事先可完全做好炒菜准备，炒菜时把握火候，适时放菜入锅，避免空油锅在火上加热时间过长而升温起火。如果炒菜油锅着火，应当保持冷静不惊慌，立即盖上锅盖，油火即灭。如锅盖不随手，可将备好的食材，迅速沿着锅的边沿倒入锅内，利用菜品与着火油的温度差，使锅里燃烧着的油品迅速降温灭火。灭油锅火切忌用水，以防燃着的油溅出来，引燃厨房中的其他可燃物。如果油锅着火点燃了身上的衣服，衣服上的油火也不能用水浇灭，应立即脱下衣服或者就地打滚。曾经发生过一个真实的案例，妻子做饭时不小心手上着火了，丈夫立马取来一盆水泼在妻子身上。没想到，火势沿着水油混合物蔓延，妻子最终不治。

二是液化气罐防火。使用液化气罐中，阀门、导管、灶具有可能因漏气或操作不当而失火。如果处理不当，会造成火势扩大，灾害升级，酿成重大损失。所以预防燃气火灾，是家庭大事，孩子也要知道燃气使用方法和灭火方法。家庭平常一定要定期检查液化气罐和导管，防止发生泄漏。还要把液化气罐放在容易操作的地方。使用煤气、液化气，要先开气阀再点火。使用完毕，先关气阀再关炉具。不要随意摇晃气罐和倾倒液化石油气残液。

如果发现家中液化气漏气，应立即捂住口鼻，打开门窗透气，并尽快关闭阀门，停止用火，停止吸烟，防止泄漏的燃气起火。切勿触动电器开关和使用明火，切记不要在燃气泄漏场所拨打电话。

如果液化气罐不慎起火，要迅速灭火，关闭角阀。如火焰不大，着火时间又短，可徒手关闭角阀。若徒手关角阀烫手，可用湿毛巾盖上角阀关，或戴上湿手套再关。关闭时应注意方向，一次性关上，注意不要把气罐弄倒。灭火措施可立即用浸湿的被褥、衣物等覆盖捂压外，还可将干粉或苏打粉用力撒向火焰根部，要特别注意：钢瓶在火焰直接作用下，持续燃烧约三分钟，就有爆炸危险。

三是电器防火，其防护方法将在后面的电灾防护中专门论述。一旦发生，先切断电源，再用湿棉被或湿衣物将火压灭。

四是使用酒精火锅加添酒精时要多加小心，防止突然起火，一旦失火，千万不能用嘴吹，可用茶杯盖或小菜碟等盖在着火的酒精容器上灭火。

注意事项：家中无人时，应切断电源、关闭燃气阀门。不要卧床吸烟，乱扔烟头。家庭应备火灾逃生“四件宝”：家用灭火器、应急逃生绳、简易防烟面具、手电筒。将它们放在随手可取的位置，危急关头便能派上大用场。

第三，高楼（楼房）火灾逃生自救。发现火灾，及时报警。报警的同时积极自救。高层建筑楼道狭窄、楼层高，发生火灾不容易逃生，救援困难，而且常因人员拥挤阻塞通道，造成互相践踏的惨剧。

发生高楼火灾自救要点：一是及时扑救。可利用各楼层的消防器材扑灭初起的火灾；二是向下不向上。因火势向上蔓延，应用湿棉被等物作掩护快速向楼下有序撤离；三是关紧房门。离开房间以后，一定要随手关门，使火焰、浓烟控制在一定的空间内；四是注意防烟。用湿毛巾等物掩住口鼻，保持低姿势前进，呼吸动作要小而浅。带婴儿逃离时，可用湿布轻轻蒙在婴儿脸上。

注意事项：一是火场能见度非常低，保持镇静、不盲目行动是安全逃生的重要前提；二是千万不要乘电梯逃生，因为供电系统随时会断电；三是等待救援时应尽量在阳台、窗口等易被发现的地方等待；四是不要轻易跳楼。只有在消防队员准备好救生气垫或楼层不高的情况下，或者如不跳楼就会丧命的情况下，才能采取此方法；五是公共通道平时不要堆放杂物，否则既容易引起火灾，也会妨碍火灾时的逃生及救援。

第四，公共场合火灾防护。酒店、影剧院、超市、体育馆等公共场所一旦发生火灾，常因人员慌乱、拥挤而阻塞通道，发生互相践踏的惨剧，或由于逃生方法不当，造成人员伤亡。1994 年 12 月 8 日，克拉玛依市教委和新疆石油管理局教育培训中心举办迎接上级评估验收团专场文艺演出活动，全市 7 所中学、8 所小学的学生、教师及有关领导共 796 人参加。在演出过程中，18 时 20 分左右，舞台纱幕被光柱灯烤燃，火势迅速蔓延至剧厅，各种易燃材料燃烧后产生大量有害气体，由于馆内 8 个安全门，只有 1 个门开着，其他安全门紧锁，馆内烈火、浓烟、毒气以及你踩我挤、东撞西碰，很快就夺去了一个又一个生命，从而酿成 325 人死亡、132 人受伤的惨剧，死者中 288 人是学生，另外 37 人是教师、家长和工作人员。

由此可知，进入公共场所，不可掉以轻心，应做三件事情：

一是观察设在房间、走道上的疏散指示标志和设在墙面或顶棚上的火灾事故应急照明灯，明确安全出口的位置、数量、宽度；观察疏散通道上是否堆放有杂物；观察门口是否设置门帘、屏风等影响疏散的遮挡物；观察、查看安全出口门是否上锁；观察建筑物内所配置的轻便灭火器材位置；观察疏散通道以及出口与自己位置的距离，并大致计算出进入安全通道和走出去的时间，做到心中有数。

二是不要只顾办事或玩乐，要存有警惕性。

三是发现异常立即就近脱离现场，不要心存侥幸。

发生火灾时，孩子小，救火力量有限，应以逃生为主。

要保持头脑清醒，千万不要惊慌失措、盲目乱跑。

徒步向最近的安全出口逃生，不要搞错逃生方向，逃生时防止发生踩踏事故。

火势蔓延时，应用衣服遮掩口鼻，放低身体姿势，浅呼吸，快速、有序地向安全出口撤离。尽量避免大声呼喊，防止有毒烟雾进入呼吸道。

若是最后离开，离开房间后，应关紧房门，将火焰和浓烟控制在一定的空间内。

利用建筑物阳台、避难层、室内设置的缓降器、救生袋、应急逃生绳等进行逃生，或将被单、台布结成牢固的绳索，牢系在窗栏上顺绳滑至安全楼层。

逃生无路时，应靠近窗户或阳台，关紧迎火门窗，向外呼救。

注意要点：

千万不要乘电梯逃生。

轻易不要跳楼，除非火灾已危及生命。

逃生时千万不要拥挤。

★自我提升训练题

■自我评测

1. 遇到火警后应该拨打电话（　）。

A. 120

B. 112

C. 119

D. 122

正确答案：C

2. 下列火情，不能用水扑灭的是（　）。

A. 电器起火

B. 油星点燃衣服起火

C. 纸张着火

D. 汽油着火

正确答案：A、B、D

3. 下列火灾急救做法中，正确的做法是（　）。

A. 用浸湿的毛巾捂住鼻子，避免浓烟吸入

B. 遇到火灾时迅速乘坐电梯到一楼

C. 大火时，用结实的绳子或被单绑成绳从窗户逃生

D. 无法离开着火地方时，往窗户下扔东西或大声求救

正确答案：A、C、D

■讨论分析

杭州市金都天长小学的林竞元老师写有一首儿歌：各位同学请注意，防火

安全要牢记。欢庆春节最开心，燃放鞭炮要小心。帮助爸妈管好家，煤气开关常检查。电源插座也重要，充电完成要拔掉。出门旅行住酒店，逃生通道看熟练。一旦着火别慌张，报警电话记心上。安全永远无小事，哪怕提醒千万次。

读了这首儿歌，想一想有几个知识点？

■实际体验

父母和孩子一起设计一个家庭火灾预防以及逃生方案，在冬天、夏天分别进行一次演练，并写出每次演练的总结，坚持下去，确保安全。

电灾防护

电是一种自然现象，是一种能量。电能有自然电能和人造电能，自然界的雷电就是自然电能。人造电能是人类转化地球上煤炭、石油、天然气等一次能源所产生的电能，人们常说的电能就是指人造电能。人造电目前应用广泛，家庭生活、社会生产一刻都离不开它。

电有两面性。正确管理使用，电给人类带来益处；如果管理使用不当，电会直接伤人，还会引发火灾，造成生命财产损失。这样的例子不胜枚举。雷电、闪电也有两面性。雷电能促进生物生长，雷雨后一至二天内植物生长和新陈代谢特别旺盛；能制造负氧离子（空气维生素）净化空气；雷电过程中的闪电可制造天然氮肥，据测算，全球每年仅因雷电落到地面的氮肥就有四亿吨。雷电如果击中人或物，可以直接给人们的生命财产带来灾害。

为什么要培养电灾防护的好习惯呢？

第一，做好电灾防护可以保障家庭用电安全。现代社会已经电器化，孩子很小就接触各种各样的电器，如电脑、电视、空调器、加湿器、手机、电器插座、厨房电器等，由于电器使用有两面性，使用不当，电器会起火，所以父母应该在孩子接触电器的时候，同时教育孩子认识电器，了解科学使用方法，既防止出现不当操作引起的火灾，也学会电气火灾的防护办法，从而安全使用电器，有效保护电器安全，保护家庭财产安全。

第二，做好电灾防护是人身安全的基本要求。人体导电。人遭受电击的一瞬间，电流会迅速通过人体，严重时可能会导致心跳、呼吸停止，脑组织因缺氧而死亡。雷电能量更大，击人伤害更重。雷电产生的火花也会造成不同程度的皮肤灼烧。同时，雷电击伤的人体皮肤也可能出现树枝状的雷击纹，脱皮、出血，甚至可能造成耳膜或内脏破裂。雷电灾害已经被列为最严重的十种自然灾害之一，其造成的损失已经上升到了自然灾害的第三位。全世界每年因雷电灾害造成的人员和经济损失不计其数。我国每年因雷击造成的人员伤亡就有3000~4000人，经济损失在50亿元到100亿元人民币。1975年袭击津巴布韦乡村乌姆塔里附近一幢小屋的那一次闪电，当时死了21个人。正因为电有伤害生命的一面，家庭应该高度重视对电灾的防护，要培养孩子防护电灾的良好习惯，以保护孩子安全成长。

怎样培养电灾防护的好习惯?

养成电灾防护习惯，重在让孩子了解安全用电常识和违反用电规范造成的严重事故，牢固树立安全用电意识，学会并做到电器的安全操作。最为重要的是，对孩子进行必要的电灾防护训练，锻炼自我电灾防护能力。

第一，防止电器伤人。人体组织中有60%以上是含有导电物质的水分子，所以，人本身就是个导体。当人体接触电器带电部分并形成电流通路的时候，就会有电流通过人体，从而造成触电。人体的安全电压是小于36V。较高的电压对人体会造成严重的伤害，轻则引起灼伤，重则足以致死。有一个五岁的小女孩，因为好奇，用手指去触摸电源插座，被电击伤，当时呼吸、心跳停止，妈妈立刻进行人工呼吸、心外按摩，心跳呼吸恢复后，立刻送往当地医院进行治疗。

现在家里的家用电器种类越来越多，如微波炉、电磁炉、烤箱等，各种家用电器用途不同，使用方法也不同，有的还比较复杂。小孩子应在爸爸妈妈的指导下学习使用知识，从小养成家电安全使用习惯，以防止用电不当而受伤的事故。对一些比较难操作、危险性比较大的电器则不要独自使用。

电吹风、电饭锅、电热水壶等电器在使用过程中会有高温，要远离纸张、电线等易燃物品，防止发生火灾。使用电吹风要注意避免烫伤，远离面部、头部等。

电热毯、电暖宝宝等虽然可以在寒冷的冬天让人取暖，但使用不当也可能出现触电事故。冬季本来就是火灾高发的季节，因电热毯、电暖器等设施使用不当而引起的火灾事故时有发生。在使用电热毯取暖时应将电热毯平铺，切勿折叠。经常折叠会使电热毯的电阻丝折断，发生短路或断路。轻者电热褥不发热，重者降低其绝缘性能，甚至会发生触电事故以及火灾。同时也不要长时间使用，不要直接与身体皮肤相接触，以防烫伤。深受人们喜爱的充电式暖宝宝也是个危险物品，千万不要因 “暖宝宝”“名字听起来可爱，造型讨人喜欢”，使用时掉以轻心。近几年，电暖宝宝炸伤人的事件经常发生。

电风扇、洗衣机开机后高速旋转，千万不可将手伸进去，也不能用其他物品去接触。家里年龄较小的孩子，尽量远离电风扇和洗衣机这些容易引起他们好奇心却又十分危险的家电。因好奇或不小心将手指探入正在转动的电风扇而受伤的孩子每年都有，更有不慎跌进、爬进滚筒洗衣机而酿成悲剧的事故。

电视机、微波炉、烤箱等电器在使用时带有一定辐射，人体最好不要长时间接触，尤其是看电视，最好保持一米以上的距离。特别是微波炉，现在基本上家家都有，平时用来加热食物非常方便。但在使用时要格外小心，避免产生意外。微波炉不能加热有壳、皮、膜的食物，比如鸡蛋、栗子、番茄、盒装饮品等，容易发生爆破。而且放入微波炉加热的器皿，必须性能可靠，严禁使用金属材质的器皿、餐具。

不要站在打开的空调机的风口，要保持一定的安全距离。炎炎夏日，孩子进入空调房时，经常迫不及待地跑到空调机出风口，凉风迎面而来，一解燥热。其实，风口直吹容易造成人体不适，容易引起头痛等。冬天，不少人会把衣物晾晒在空调出风口烘暖，这也是很危险的。

不要在潮湿的环境中使用电器，更不能使电器淋湿、受潮，这样不仅损坏电器，还容易发生触电危险。使用过程中如发现冒烟、冒火花或焦味等情况，应立即关闭电源开关，停止使用。而在插、拔电源插头的时候，不能用力拉拽电线，防止电线的绝缘皮受损造成触电。比如刚洗完澡的浴室比较潮湿，有很多水汽，这时候，不宜在浴室中使用电吹风。应当在干燥通风的房间使用。而在使用的过程中，如果不甚将头发缠入电吹风了，应该立即关闭电源再做处理。如若闻到焦味，很可能是有头发等物被倒吸入电吹风了，不可大意，也要关闭电源，暂停使用。

不要随意自行拆、装电源线、插座、插头等。特别是就学的孩子，在学校学习了一定的电路知识之后，可能对家里的一些电源、插头感兴趣，总想拆开来一探究竟。但家里电路复杂，自己不可随意拆装实践。即使安装电灯泡，也需要在大人的监督、帮助下一起实施。

第二，防止电气火灾。预防电气火灾的基础是规范电气管理，规范电气管理可以使家庭电气系统保持良好的状态，从而避免电气系统出现漏洞而造成火灾。

防止用电超负荷。增加电器要事先核准电线、控制器能否承受，若超过家庭电气系统限额，必须等改装家庭电气系统以后再增添电器。不顾家庭电气系统的容量而随便添置电器，有可能超负荷，进而可能出现事故。

注意电火花。电器设备产生火花或电弧，极易引发火灾。要采取措施预防：经常用外部检查和检查绝缘电阻的方法来监视绝缘层的好坏。防止裸体电线和金属体相接触。家中不要存放易燃易爆液体。

照明灯具防火。严禁用纸做台灯灯罩，严禁用纸、布包灯泡；在可能受到撞击的地方，灯泡应该有牢固的金属网罩；不能让灯泡过分靠近衣服、蚊帐、板壁、稻草、棉花及其他可燃物，起码要保持 30 厘米以上的距离；绝对不可把灯泡放在被窝里取暖，这样做不但会受热起火，还有触电的危险。日光灯镇流器会引起火灾。安装日光灯要注意通风散热，不要紧贴木板并防止漏雨、潮湿；安装镇流器时，镇流器底部要朝上，不能朝下，更不能竖装，以防沥青熔化外溢；使用中如听到镇流器发出响声，或者闻到焦味，要及时切断电源检查；人离开房间时，要将电源切断。

电视机、电脑防火。电视机、电脑应放置于干燥、通风、尘少之处，机身上不要放盛水的容器，也不要让雨水淋着。机器内要保持清洁，防止灰尘积聚；屏幕要用干净的绸布轻抹，不要用湿布揩拭；使用中如闻到焦味或蜡纸味时，要及时切断电源检查；使用后要关机。

电炉、电烙铁、干燥箱等防火。功率应当与电路导线截面积相适应，防止超过负荷；不能将电热器安装在可燃基座上或与可燃构件相接近；插头要完整，禁止用导线裸端直接插在插座上；电热器通电后，应有专人看管，用完后要切断电源。使用中遇到停电，应先关闭电路，待复电后再接通。

电热水壶最忌空烧。因为电水壶若无水，会使电热管发热器温度急剧上升而烧毁电热管发热器，甚至发生火灾事故。

安装、修理电气线路或电器、用具要找电工，不要私自乱拉、乱接电线。户内可装设触电保安器。控制开关要选用与家中电器设备相匹配的保险丝，不能用铜丝代替保险丝。家庭配电线路宜有良好的与相线（俗称火线）截面相同的保护接地线。照明灯具、开关、插头插座、接线盒以及有关电器附件等必须完整无损。不要随意将三眼插头改成两眼插头，切不可将三眼插头的相线与接地线接错。不用湿手摸、湿布擦灯具、开关等电器用具。晒衣铁架要与电力线保持安全距离，不要将晒衣竿搁在电线上。家居严禁私设电网防盗、捕鼠等。

建立家庭全员参加的电气系统大检查制度，特别是孩子要参加，以使孩子熟知自家电器系统的安全状况，有利于从小培养安全用电习惯。检查要仔细认真，不漏检一件电器，不漏查一个插座，不漏查一段电线，发现问题，立即维修或更换，不能“先凑合用”“看看再说”。凑合用电可能出事故，甚至引发火灾。检查维修电路时背着左手可减小触电的危险。定期的大检查，要注意三防：防超负荷，防电线短路，防电线连接不当产生接触电阻，以消除火灾隐患。

家电安装要注意防火，防火灾要重视小节。空调机等大容量电器要铺设专用的输电线路和熔断保安器。使用电熨斗、电吹风、电炊具等家用电器时，若因故中断使用，要关停以后再离开使用现场，不能人走开却未关机。电视机室外天线要远离电力线，不要高出避雷针。电加热设备上不能烘烤衣物。搬动家用电器时，应先切断电源。洗衣机等家用电器的金属外壳要有可靠接地。

第三，防止雷电伤害。一是室外防雷电。当雷电发生的时候，尽量不要到室外活动，大多数雷击事故发生在室外。但如果实在躲避不及，在户外遭遇雷雨天气的时候，要采取室外防护措施：

一般高大的物体以及物体的尖端容易遭受雷击，所以在室外不要靠近铁塔、烟囱、电线杆等高大物体，更不要躲在大树或孤立的小棚子里避雨。

在空旷的野外，要找一处地势比较低的地方，站在干燥的、绝缘的物体上，蹲下并且两脚并拢。

不要接触任何金属的东西，比如电线、钢管等导电的物体。

如果在山中，最好躲到山洞里面，并且尽量躲到山洞的深处，同时两脚保持并拢，身体不要接触洞壁。

不要到江、湖、河附近活动，尽快上岸躲避，并且远离水面。

如果刚好在汽车附近，快速躲进车里，关紧门窗也是比较安全的。

二是室内防雷电。雷雨时虽然室内比较安全，但只是相对于室外而言。室内如果不采取措施，也有可能遭受雷电袭击。室内的防雷措施主要有：

在房间内一定要关闭好门窗，同时尽量远离门窗、阳台和外墙壁。

不要靠近、接触任何金属管线，包括水管、暖气管、煤气管等。同时也不要在雷雨交加的时候洗澡，尤其是用太阳能热水器的。

雷电时，不要在房间里使用任何家用电器，最好拔掉电源。也不要拨打、接听电话。

要保持室内地面的干燥，以及各种家用电器和金属管线的良好。不宜使用水龙头。

第四，电灾自救互救。一是触电人员急救。发现有人触电，要根据现场情况尽快使触电者脱离电源。假如插头或开关很近很方便切断电源，应立即拉闸断电或拨去电源插头。假如切断电源不便或无法立即断电，可使用绝缘工具或干燥的木棒、木板等不导电物体使触电者脱离带电体，这时切记不要直接用自己的手去救人。也可直接抓住触电者干燥而不贴身的衣服将触电者拖离带电的器物，但此时务必注意不能碰到金属物体和触电者裸露的身躯。也可站在绝缘物品或干燥的木材、木器（如木椅等）上，使触电者脱离带电体，此时应一只手进行操作。年龄小的孩子，应当向成年人呼救求助，不要自己擅自处理，防止触电。

触电者脱离电源以后，要马上现场对症救治，切忌不救治而直接送往医院。触电者呼吸、心跳正常而神志不清的，可就地舒适平卧，解开衣领以利呼吸，要保持现场空气畅通，天冷要注意保暖，间隔 5 秒钟轻呼伤员或轻拍肩部，但禁止摇晃头部。若触电者呼吸困难或心跳失常，应迅速进行人工呼吸或胸外心脏挤压术。

对于触电后无法呼吸但心脏有跳动者，应立即采用口对口人工呼吸。如果触电者心脏和呼吸都已停止，则必须同时采用人工呼吸和俯卧压背法、仰卧压胸法、心脏挤压法等措施交替进行抢救。但无论何种情况，都仍需送医院进行进一步的救治。在送往医院途中，仍应继续急救。

小孩子如果在外看到电线落地，不能直接用手去拣。要想办法报警，或通知供电部门来处理。可以远离电线值守，不要让人、车靠近。特别是高压导线断落在地上时，应远离其 8 米范围以外。

二是电气火灾急救。尽可能先切断电源，再扑灭火灾。要特别注意，由于烟熏火烤，开关和闸刀的绝缘可能降低，切断电源时应戴绝缘手套、穿绝缘靴，并使用相应电压等级的绝缘工具，以防触电。无法切断电源时，应用不导电的灭火剂灭火。切记要用二氧化碳、四氯化碳、“1211”、干粉等灭火剂，千万不能用水或泡沫灭火剂。只有确定电源已经被切断的情况下，才可以用水来灭火。灭火同时应向消防部门报告。消防电话号码为“119”。

电视机和电脑着火比较危险，即使关掉电源，拔下插头，它们的荧光屏和显像管也有可能爆炸。因此，发现其冒烟起火时，应马上拔掉总电源插头，然后从侧面或后面接近电视机或电脑，用湿地毯或湿棉被等盖住它们，这样既能有效阻止烟火蔓延，一旦爆炸，也能挡住荧光屏的玻璃碎片。

三是雷电急救。雷电急救包括自救互救。如果衣服着火，要立刻躺下，就地打滚，或者爬到有水的洼地和水池中，切不可惊慌奔跑，奔跑只会使火焰越烧越旺。救助者可以往着火者身上泼水灭火，也可以用外衣、毯子将伤者裹住在地上滚动，以隔绝火焰燃烧所必需的氧气。灭火的同时，伤者要用手护住脸部，以免火焰袭面，导致呼吸道烧伤而窒息。

烧伤要及时进行冷疗。冷疗就是将烧伤的部位放在流动的水里冲洗或放在大盆凉水里浸泡，然后用干净的被单或者是布料包裹保护创面，尽快送医。

晕死急救。雷电发生时，如果人突然倒下，口唇青紫，叹息样呼吸或者不喘气，大声呼唤也没有反应，表明伤者意识丧失、呼吸心跳骤停，这时应首先呼叫 120，然后抓紧时间进行现场人工呼吸和心脏按压：将伤者转移到安全的地方，然后将伤者仰面平放，将伤者颌部抬起，保持伤者呼吸道畅通，施救者跪在伤者胸部一侧，一只手的掌根放在伤者胸骨和两乳头连线的交叉点上，另一只手重叠在手上，用力垂直按压。心脏按压 15 次，停下来做口对口的人工呼吸 2 次，人工呼吸时要捏住伤者的鼻子，用自己的口将伤者的口包住，用力吹气到伤者的肺部。这样按压和人工呼吸交替进行，争取抢救伤者生命。

伤者心跳骤停的 6 分钟内若能有效进行心肺复苏，其抢救成活率可达 40%以上，若延误时间，成活率明显下降。

★自我提升训练

■自我测评

1. 在室外遭遇雷雨天气，应该（　）。

A. 找个岗亭躲避

B. 远离建筑物外露的水管

C. 骑着自行车狂奔回家

D. 站在树下

正确答案：B

2. 使用家用电器时，要做到（　）。

A. 不在潮湿的环境中使用电器

B. 不用湿手去触摸电器

C. 洗衣机用热水洗涤

D. 相机不用时卸下电池

正确答案：A、B、D。

3. 没有合适的绝缘物可用时，救助触电者可以（　）。

A. 直接用手把电线拿开

B. 用几层干燥的衣服把手包好，站在干燥的木板上，把触电者拉离电源

C. 拉触电者的外衣，使他脱离电线

D. 拉触电者的手

正确答案：B、C

■讨论分析

电，给我们带来了舒适的电气化生活，但若使用不当，电就是咬人的“电

老虎”，也会引起电气火灾。因此，人们在生活、学习、工作中应该防止用电事故。

想一想在学习中应该注意哪些用电事项?

■实际体验

约同伴进行一次触电急救的训练。其中包括：口对口（鼻）人工呼吸法、仰卧压背法、仰卧压胸法、心脏挤压法。注意：实际急救中以上步骤要反复操作。如果触电者的心跳和呼吸都停止了，则需要同时进行口对口人工呼吸和胸外心脏挤压。如果现场仅一人抢救，两种方法应交替进行。每次吹气 2~3 次，再挤压 10~15 次。

拐骗防护

在经济日益发达、社会关系错综复杂的今天，有不法分子实施拐骗犯罪。拐骗是指用编造虚假理由、隐瞒真实目的的欺骗手段，非法占有别人的行为。由于行骗者采用骗术，一般为非暴力行为，欺骗性强，警惕性不高的孩子容易上当受骗。拐骗孩子一般有若干目的，或是为了自己收养，或是为了贩卖谋利，或是为了作人质勒索钱财，或是为了其他不可告人的目的。无论拐骗行为处于何种目的，往往给被骗者和被骗家庭造成严重的损失和伤害。

为什么要培养拐骗防护的好习惯呢?

第一，孩子被拐骗案件时有发生，不得不防。现在社会上每年都在发生孩子被拐骗的案件，有的被拐骗孩子又被贩卖，孩子失踪被拐已经成为一个严重的社会问题。据联合国儿童基金会统计，全球范围内每年约有 120 万名孩子被拐卖，这还不是所有被拐骗孩子的数字。有媒体称，按照不同的统计数字，中国每年的失踪孩子不完全统计有 20 万人左右，找回来的大概只占到 0.1%。

第二，做好拐骗防护有助于提高自我防骗能力。小孩被拐骗不断发生，有多种原因。天然原因是小孩子纯真善良，年龄小，容易听信别人，缺少防范坏人的心理。主要原因是不法分子处心积虑作案，他们通常抓住小孩子的弱点，施以骗术，利用欺骗、引诱等手段实施犯罪。这说明，虽然国家法律严禁拐骗儿童，公安机关大力侦破儿童被拐骗案件和窝点，但暂时仍无法杜绝儿童被坏人拐骗的问题，家庭应该采取措施，帮助孩子从小培养防拐骗意识，学会自我保护，养成防范被坏人拐骗的良好习惯。

第三，缺失拐骗防护意识容易受到拐骗伤害。2013 年 7 月 24 日，黑龙江省桦南县发生一起诱骗少女奸杀案，受害女孩儿就是因为善良助人未防范不测而被害。她学护理专业，志愿当护士。人很善良，但是她的善良被坏人利用了。当天犯罪人（怀孕妇女）故意在路边摔倒，受害女孩过去把她扶起来，并应请求把怀孕妇女送回家。犯罪人把女孩儿骗到家后，夫妻俩图谋不轨未遂，残忍地杀害了女孩儿，抛尸荒郊。这种凶残的事情非常少，但它还是发生了。

这件事提醒家长，从小培养孩子的防拐骗习惯多么重要。

怎样培养拐骗防护的好习惯?

第一，父母做到防拐骗。家长要切实负担起保障孩子安全的责任，不能掉以轻心。尤其是幼儿，基本全靠父母的保护。因此，家长首先要把孩子防拐骗大事做实、做细、做好，在此基础上，教会孩子防拐骗。小孩子不能单独在外活动。带孩子外出，最好给孩子佩戴有家庭相关信息的物品，留意四周情况，注意是否有人、车跟随，要时刻保证孩子在视线范围之内。遇到同事、朋友或感兴趣的事，也要保持对孩子的掌控，不忘记孩子，不放手孩子。遇到急事，必须在保证孩子绝对安全的前提下再去办理，不要把孩子交给陌生人看管或带走。孩子外出的时候，服装颜色可以鲜艳一些，如红色、蓝色、黄色等色系衣服，醒目，容易辨认。正常情况下，父母或爷爷奶奶专人接送孩子入园入学。无暇照顾孩子时，由可信赖的、孩子也熟悉的亲朋好友代接孩子，防止犯罪分子乘虚而入。如果带孩子到人多的地方，如医院、车站、公园、游乐场、购物广场等，由于人贩子往往假扮医务人员、孕妇家属、老乡、热心人等拐骗孩子，更要小心，不要和陌生人搭讪。

如果发现孩子丢失，家长要广发消息，分别向东西南北 4 个方向在 2 公里以内，沿大路寻找，包括附近的火车站、汽车站等，以免歹徒骗走孩子后逃往另一个地方，同时要及时报警。因为 2 岁以内的小孩不太会走，失踪很可能被拐骗，应马上报警。3~6 岁的孩子，活动半径不会太大，半小时以上找不到，应报警。小学生失踪的报警时间不要超过 1 小时。

第二，教育能够独立活动的孩子防拐骗。要告诉孩子世上不全是好人，有坏人整天专门拐骗和毒害孩子，不能认为所有的人都是好人。同时要把骗子常用的拐骗方法告诉孩子，让孩子有所提防，学会识别骗子。拐骗分子常用的诱骗手法主要有三种：一是“家长诱惑法”。这类拐骗者在进行拐骗之前一般都做过一些行骗准备，他们甚至能叫出孩子的名字，以取得孩子的初步信任。拐骗者大致会这样说："我是受你爸爸、妈妈委托，带你回家。"或者说"我认识你爸爸妈妈，我带你去玩好不好?"二是"物资利诱法"。这种诱骗方式主要是利用孩子的好奇心。比如："小朋友，我有一样礼物要送给你，你跟我一起去看看吧。"有人曾在一幼儿园门口做过类似实验，用给小朋友"苹果平板电脑"玩为诱惑，带小朋友走。结果当时参加实验的孩子几乎个个"中招"。三是"带路引路法"。诱骗者利用孩子善良、乐于助人的品格引诱孩子。比如："小朋友，请问去某某商场的路怎么走啊?能不能带我去啊?"如果孩子说，知道，就在哪里哪里呀。骗子就会顺势说："我实在找不到，你帮忙带我去吧。"

还要告诉孩子不要独自转悠、独自行走，不要到僻静处玩乐，否则容易被强行拐走。不要一人外出。

还要告诉孩子遇事先保全自己，然后再去做好人好事，就是学会"保己救人"，不轻率做好人好事，防止因做好事被拐骗、被拐卖、被害命。教会孩子遇事打 110 电话求助，

家长的教育方法可以灵活多样，比如讲真实的拐骗案例故事给孩子听。通过防拐骗教育，使孩子知道不能与陌生人接触，不能信陌生人话，不能跟陌生人走，不能吃陌生人食品，不能帮陌生人做事。

第三，进行家庭防拐骗训练。现在孩子防拐骗意识淡薄，防拐骗心理脆弱。面对家长和幼儿园老师教育的时候，孩子们都回答得很好，不与陌生人接触。可是面对实际诱惑，很多孩子防范心理不强，极易忘掉父母和老师的叮嘱，遇到诱惑却上当受骗。这种状况几年来没有太大改观。比如 2013 年 6 月 21 日大众网报道，山东某市公安机关在幼儿园举行防拐骗演练，几名陌生"阿姨"和"叔叔"用一个玩具轻易骗走一群孩子；说几句利诱的话"你们俩比赛掰手腕，谁赢了我就给谁买棒棒糖""你的妈妈叫我来接你""我带你去超市买吃的"……一两分钟的时间，一群孩子就受骗跟着走。2014 年 7 月 28 日《重庆商报》报道，某市有关单位在超市进行"防拐演习"，12 名 4~8 岁的孩子参加演习，其中 8 个被"拐走"。2014 年 10 月 27 日金羊网报道，某市在

公园防拐实验，《惊呆家长：8个娃7个被轻易带走》。2015年7月17日，《宁波日报》报道防拐模拟，仅仅一个玩具、一个雪糕，7个孩子里5个被"诱惑"，自觉跟着陌生人离开。2015年6月4日大众网–齐鲁晚报报道，《防拐测试：21个孩子20个被棒棒糖拐走》。2015年6月1日央视网报道，陕西省某机关在某市一家幼儿园进行儿童防拐骗演练，一个班"被拐走"32个。2016年3月29日《江淮晨报》报道，安徽省某市《儿童防拐测试：难拒玩具诱惑 孩子差点被"骗子"带走》。

鉴于低龄孩子虽然自护防拐骗的道理知道，但实际却做不到，家庭防拐骗训练很有必要，可帮助孩子在反拐骗"现实"情景中增强自我保护意识，经受防拐骗锻炼。

反拐骗训练应当逼真，假戏真做，也可以让孩子经受一下被拐骗的经历，甚至适当吃一些被拐骗的苦头，吃点苦头也可以提高训练的效果。

第四，孩子自主防拐骗。孩子自主防拐骗主要是树立防骗意识，保持警惕性，不与陌生人接触，不给骗子可趁之机。

树立防骗意识就是知道社会有拐骗分子，孩子是主要拐骗对象，知道自己一旦被拐骗，身心会受到伤害，还可能危及生命，并给父母带来痛苦，外出必须提防。孩子平时要牢记家庭住址、家长姓名和电话号码、父母工作单位等信息，记牢邻居电话、老师电话、朋友电话，主动将同伴信息（姓名性别、电话、住址）告诉家长，以便有事联系。学习防拐骗的知识和案例，养成自我防范意识。学会辨识警察、军人、保安等安全人员的特征，养成向他们求助的意识。放学时如果不是自己的亲人来接，要及时地告知老师。到家后随手把门关好，外出玩乐时要征得家长同意并说明大概时间。

保持警惕性，心中想着防拐骗，记牢骗子常用的拐骗方法，遇到来路不明的陌生人和陌生事，要动脑筋思考，多问几个为什么，不听信花言巧语，不轻易行动。对于想不明白的人、事，请老师、家长帮忙。不单独去别处（同学家），不在房间里和他人单独相处半小时以上。警惕汽车，不在停放的汽车前后玩耍。因为汽车现已成为残害孩子的工具。要习惯辨认环境和方位，如街道门牌要记清，会认东西南北中，夜晚认识北斗星，以备急用。不要轻信网络聊天认识的网友，不要擅自与网友会面。

不与陌生人接触，不搭理陌生人的问话，不主动与陌生人说话，不接受陌生人的钱财、玩具、礼物或食物，不轻易帮陌生人做事，不搭乘陌生人的便车，不向陌生人介绍自己的家庭、亲属和个人爱好等个人信息。当然，孩子还要讲礼貌，见到生人不说话，可以轻微笑一笑，低下头，快点走开。

孩子自主防骗很重要。有一名小学二年级的学生，每天放学后他都在校门口等妈妈来接。有一天，一名骑着摩托车的陌生人对他说："你是在等你妈妈吧。"他虽然觉得奇怪还是点了点头。陌生人接着又说："你妈妈现在在开会，赶不过来，特地让我来接你。"这名小学生不认识陌生人，所以就考他："我妈妈在什么单位。"见陌生人支支吾吾答不上来，这名学生便认定这个人有问题，坚决不坐他的车回家。正在这时，妈妈来了，陌生人一溜烟跑了。

第五，被拐骗的自我解救。孩子自己平时要学习被骗自救知识，在外面一旦遇到危险，及时向公安民警和周围群众求助，一旦遭到劫持，机智自救脱险。

沉着冷静，注意观察犯罪分子的人数、交谈内容，从中摸清犯罪分子作案的意图。在摸清对方的意图后，要想方设法，在适当的时候，寻找借口逃跑如上厕所、装病。不要与犯罪分子当面顶撞，以免受皮肉之苦。劫持路上要尽量记住道路、时间、声响。留下标记。

一旦被软禁，要装作很顺从的样子来麻痹对方，吃喝睡，可装傻装痴，争取同情，使犯罪分子放松警惕。一有机会就接近窗户、天窗、通气孔等通向外界的地方，想办法向邻居、路人呼救，或者写纸条、扔东西。纸条内容大概是"我被坏人关在××地方，请报警"。这不仅使自己免遭不幸，而且使犯罪分子很快落网。

如果已被人贩子卖掉，要冷静，想办法拖延时间，可以说身体不适，或用温柔的语言哄骗对方。抓住机会向你能够接触到的人求救，如向清洁工人求助。在人多的地方一定要大声呼救。见到警察、机关单位等要想办法靠近并求助。

找机会打110电话求助。不论是哪个电话，都可打110，电话打通后，要讲清楚自己所在的位置，以便警察及时查找。逃出来后，要迅速找到当地公安局派出所、妇联等机关组织报警、寻求帮助。被解救时，主动配合，果断逃生。

★自我提升训练

■自我测评

1. 放学路上，遇到一个骑摩托的陌生人，说顺路带你回家，自己的处置方法是（　）。

A. 站住问他情况

B. 给爸爸打电话核实

C. 不让他带，并跑着追上前边的同学

D. 上车跟他走

正确答案：C

2. 设立“打拐办”（打击拐卖妇女儿童犯罪办公室）的国家机关是（　）。

A. 公安部

B. 司法部

C. 最高人民法院

D. 最高人民检察院

正确答案：A

3. 拐骗分子常用的作案手法是（　）。

A. 家长诱惑法

B. 打骂吓唬法

C. 带路引路法

D. 物质利诱法

正确答案：A、C、D

■讨论分析

一天，小健回家路上遇到一位陌生人。这位陌生人亲切地对他说："小健，我是你爸的朋友。你爸的包忘在我家里了，你把它拿回去吧。"小健跟着他去拿包，进房后被陌生人捆起来。小健意识到自己被拐骗绑架了。他想到上课时学的应急办法。于是，小健很配合地缩在屋角，假装睡着了。陌生人走了以后，小健挣脱绳索，爬上窗户，见窗下有一堆沙，毅然跳出，直奔路口小店呼救、报警，警察立即出动，抓获了歹徒。

想一想案例中的小健哪些做得不当？哪些做得妥当？

■实际操作

制作一个出行记录本，记下每天重大的人和事，一个月对比分析一次，总结自己对待陌生人的做法，并与同伴交流，坚持一个学期，看有啥体会？

不良文化污染防护

不良文化指不健康的精神文化产品，主要指违反社会真、善、美道德准则的言论或行为，违反国家法律法规的言论或行为，违反社会主义核心价值观的言论和行为，不良文化是腐朽文化和落后文化，是污染性文化。

不良文化的形式大多是文字、音讯、图画、视频等，其载体是不健康的书报、杂志、电视、广播、影视、网络、广告等。主要内容为泄露国家秘密、侵犯国家或集体或公民的合法权益，贪污、受贿、淫秽、色情、赌博、嫖娼、卖淫、暴力、凶杀、恐怖、抢劫、教唆犯罪、公然侮辱他人或者捏造事实诽谤他人等。不良文化在表现手法上，有的调侃崇高、扭曲经典、颠覆历史，丑化人民群众和英雄人物；有的是非不分、善恶不辨、以丑为美，过度渲染社会阴暗面；有的搜奇猎艳、一味媚俗、低级趣味，把作品当作追逐利益的“摇钱树”，当作感官刺激的“摇头丸”；有的胡编乱写、粗制滥造、牵强附会，制造了一些文化“垃圾”；有的追求奢华、过度包装、炫富摆阔，形式大于内容；还有的热衷于所谓“为艺术而艺术”，只写一己悲欢、杯水风波，脱离大众、脱离现实。

为什么要培养不良文化防护的好习惯呢?

第一，不良文化污染对孩子身心毒害太大，不防不行。不良文化不仅对成年人、社会有不良影响，尤其对涉世不深、自制能力薄弱的孩子诱惑巨大，如同“精神鸦片”。孩子一旦沉溺其中极易成瘾，难以自拔，严重危害心理健康。不良文化污染孩子纯洁的心灵，严重的可造成道德观念缺失，学业荒疏，思想颓废，甚至诱发青少年犯罪。不良文化还伤害孩子身体发育和健康，据专家介绍，长时间玩网络游戏成瘾，会患高血压，动脉硬化等病症，如果治疗不及时，还有可能带来生命危险。2012 年,全国很多电视台都报道过《彻夜打游戏年轻人患上“老年病”》，其中提到一名 23 岁大男孩儿，他是网吧常客，在网吧一般包台 8 小时，一个星期至少 4 天，累了就趴下睡觉。有一次，在网吧大玩网络游戏二十多个小时后，暴毙身亡。

第二，缺失不良文化污染防护易受危害。互联网上以网页、电子出版物、游戏以及网页链接、电子邮件、论坛等为载体的不良文化，会严重影响到孩子的身心健康，容易使孩子容易受到影响而行为不良。有一个女孩才 12 岁，为了博得同学和网友的关注，模仿那些拍摄性感视频的成熟女性，自拍了许多性感视频放到社交网络，造成极坏的影响。2014 年 4 月 6 日，江苏省连云港市东海县的 8 岁儿童李浩冉和其 5 岁的弟弟李浩，与 8 岁的邻居孩子李某在村边树林模仿动画片《喜羊羊与灰太狼》中烤羊肉串的剧情，做“绑架烤羊”游戏。李某把李浩兄弟俩绑在村东头的树上，点燃地上的树叶，火借风势迅速蔓延，导致李浩兄弟俩严重烧伤。哥哥全身 40%特重度烧伤，弟弟全身 80%以上特重度烧伤，“从头到脚已经没有好的地方了，而且伴有呼吸道灼伤”，当时幸遇村民施救，否则后果不堪设想。这两个孩子显然没有不良文化防护习惯，因而在不良行为影响下做出危险举动。

第三，抵御泛滥的不良网络游戏呼唤不良文化污染防护。中国青少年网络协会从 2011 年 10 月至 2015 年 2 月间对 1150 款游戏的测评结果显示，成人游戏有 880 款，绿色游戏有 270 款，绿色游戏仅占总数的 23.5%。一些充斥血腥、杀戮的游戏内容，给辨别力不强的孩子带来的不仅是视觉的冲击，更多的是潜移默化地让孩子变得崇尚暴力，潜意识里埋下以暴力手段解决问题的倾向。

据中国互联网络信息中心统计，截至2014年，中国青少年网民规模已经达到2.77亿，占中国青少年总人口的79.6%，其中87.6%的青少年用手机上网，高于中国网民整体的手机上网比例。当前，网络不良信息对青少年的危害，已经远不止常见的网瘾、色情内容泛滥等。

多地警方也在一些涉及青少年的案件中发现，多数青少年犯罪案件中，网络游戏成为他们违法犯罪的直接或间接诱因。

鉴于不良文化的严重危害，《中华人民共和国国家安全法》第二十三条中包括"防范和抵制不良文化的影响"，国家互联网信息办公室在全国范围内开展"护苗2015·网上行动"，全面清理网络上的淫秽色情、暴力、恐怖、残酷、迷信等有害信息，以保护孩子们的身心健康。

家庭对清除不良文化无能为力，但引导孩子养成防护不良文化污染习惯能够大有作为。培养孩子对不良文化污染的防护习惯就是警惕不良文化的侵袭，抵御不良文化的侵蚀，在中华优良文化的熏陶下健康成长。

怎样培养不良文化污染防护的好习惯？

第一，营造良好的家庭文化环境。家庭文化对孩子有直接影响，不健康的书报刊物及光碟若进入家庭，将成为家庭不良文化，会对孩子产生不利的影响。家长应该净化优化家庭文化，为孩子健康成长营造良好的家庭文化环境。

家长要以身作则，洁身自好。家长是孩子最早的、终身的美育教师，父母是孩子的镜子，孩子是父母的影子，家长的一言一行和一举一动都将化成涓涓细流，一点一滴渗入到孩子的心灵，成为培养孩子的良好兴趣、习惯、爱好和特长的催化剂。父母有责任、有义务学习践行优秀文化，不接触暴力、恐怖、色情等不良文化，为孩子做出榜样，影响孩子对健康的文化产生兴趣，并且爱好优良文化。如果父母自己读不健康的书报，看不健康的影视剧，听不健康的音乐，那么孩子就很容易使受到影响，从而导致不良行为。现实中，有些父母一有空闲时间，要么使用玩微信、打游戏，要么上网聊天，这会吸引孩子对手机和网络产生兴趣，许多孩子的网瘾很大程度上是受父母启蒙的。

由于不良文化的隐秘性不断提高，父母要不断提高自身的道德素质和审美鉴赏能力，能持续发现对孩子有不良影响的网站、影视节目、书籍杂志。有小孩子的家庭可制订手机、电脑家庭使用规则，防止孩子受到不良文化和信息的影响。

不到不良文化景点旅游。这些年，曾经有一些地方为了获得更多的经济利益，投巨资在一些传统认为的不良事件发生地建设旅游景点，有的曾建设“奸臣纪念馆”，有的曾推出“土匪抢亲”旅游项目，等等。这样的景点和旅游项目不自觉地宣扬暴力、色情，窥视人性丑恶，实质是不良文化污染，不去为好。这类旅游项目有的停办，有的仍在经营。另外，难保以后不会出现新的类似的旅游景点和项目，所以家长应该保持警惕，不带孩子到这些景点旅游，免受不良旅游文化的污染。

第二，引导孩子远离不良文化。孩子的成长是一个学习的过程，他们模仿能力强，自我鉴别能力弱，长时间接触不良文化，自然会模仿自己喜欢的对象，包括语言、动作及处理事物的方式等。因此，家长必须引导孩子的阅读、收听、收视、上网等，特别是引导孩子有选择地观看动画片。一方面，帮孩子选学有价值的知识，帮助孩子对其中善、恶、美、丑做出正确的评判，培养孩子正确的是非观，提高孩子的鉴赏能力。另一方面，家长要合理安排好自己的工作，尽量抽出时间多陪伴孩子，共同欢度文化生活，如一起阅读，一起游戏，交谈沟通，完成家务，劳动锻炼，孝顺老人，亲近大自然，举办家庭聚会等。这样，还可以发现他们的才能和兴趣，引导发展。平时，注意观察孩子的活动，发现其兴趣和天赋，善加引导。由于个体的差异性，不同的孩子对事物的兴趣千差万别，如有的喜欢音乐，有的爱好美术，有的孩子记忆力强，有的对各种昆虫和小动物有着特殊的感情，等等。凡此种种，都是孩子最初表现出来的对某一种事物的兴趣或在某一方面的天赋，父母要积极培养孩子，帮助孩子形成自己的兴趣爱好，不能熟视无睹或等闲视之，更不能横加指责、盲目否定。

第三，与教育机构沟通配合。孩子 3 岁以后，白天一般在幼儿园和学校，幼儿园和学校成为孩子受教育的主要场所。孩子进入幼儿园之后，在具有专业育儿知识的幼儿园老师的带领下，进入新的专业教育成长期。幼儿园、学校十分注重创设优良的文化环境来影响孩子的成长，用优良文化教育孩子，教育孩子远离不良文化。学校还引导孩子的书籍阅读、影视观赏、文明上网等，促使孩子把课外文化活动当作学习的辅助活动。因此，家庭应当与幼儿园和学校沟通配合，形成合力。生活中，有些父母可能没有意识到这个问题，认为送孩子进了幼儿园，后续教育都靠老师了。还有些父母由于自身育儿经验较少，配合教育机构很不够。本来，防不良文化影响，就是家庭、学校、社会、国家共同的任务，只有合力行动，才能效果倍增。父母要及时鼓励孩子在幼儿园的进步，如学会一首歌，一支舞，学会写自己的名字，父母应及时鼓励。孩子上了幼儿园之后，各个方面都会表现出进步，如果家长对于孩子的这些进步视而不见或者觉得理所当然，就会打击孩子的积极性。还要教给孩子一定的交往技巧，与老师和其他孩子相处。父母要尊敬老师，积极参加幼儿园和学校组织的家长活动，平时要与老师保持联系，做到双向了解，互相配合。家长要了解幼儿园和学校的教育情况，了解孩子的在园、在校情况，落实老师的配合教育要求；要向老师提供孩子在家的情况、课外活动，也可提合理化教育建议。

第四，孩子拒绝不良文化。家长要培养孩子自主拒绝不良文化的习惯，因为不良文化的诱导性实在太强，如果孩子的内因不起作用，父母和教育机构的努力几乎白费。孩子要认识到不良文化对自己的严重危害。美国弗吉尼亚州大学的研究发现：美国热播动画片《海绵宝宝》每 11 秒就变幻一次的快情节会影响幼儿集中精力和解决逻辑难题的能力，甚至危害短期记忆力。孩子知道危害便能提高警惕，便能在无意接触不良文化后，立即终止，切实做到“一多八不做”：

不接触内容不健康的书报刊物等传统媒介；

不购买、不借阅内容不健康的光碟、录像带等电子文化产品；

不看低级趣味的电影、电视；

不参加不健康的娱乐活动；

不听、不信、不传正规信息渠道以外的“消息”；

不参与封建迷信活动，抵制邪教活动；

不去网吧，在家里上网要听从父母的指导，不登录、不查看不健康的网站，上网时间要有节制；

不涉足营业性电子游戏室、台球厅、录像厅、卡啦 OK 厅、歌舞厅等娱乐场所。

多看健康乐观的节目，培养文明言行。

★自我提升训练

■自我测评

1. 对孩子有不良影响的文化现象是（　　）。

A. 暴力

B. 色情

C. 低俗

D. 赌博

正确答案：A、B、C、D

2.《海尔兄弟》大型动画片是（　　）生产的。

A. 中国

B. 韩国

C. 日本

大网吧

D. 美国

正确答案：A

3. 腐朽文化共同的消极作用是（　　）。

A. 污染文化环境，危害社会

B. 扩展文化视野，活跃文化思想

C. 侵蚀人们的精神世界

D. 通过科学文化教育，予以改造和剔除

正确答案：A、C

■讨论分析

张世杰的奶奶最近痛不欲生，因为她今年刚刚 15 岁的小孙子张世杰已经有 40 多天不上学、不在家、不知去向了。张世杰的同学和家人讲，造成他从学校出走的罪魁祸首是网络游戏。张世杰原来的学习成绩在班里中上游，暑假开始，他突然迷恋上了网络游戏无法自拔，有的周六周日玩两个通宵，他的学习受到很大影响，最近一次考试成绩很差。

面对张世杰的情况，你对网络游戏有什么看法？

■实际体验

设计一张防不良文化影响的宣传海报，或撰写一份倡议书。

参考资料：儿童读物承载着知识启蒙和行为教化等功能，本应符合儿童年龄特点，展现童话般的美丽世界和纯洁的道德品质。可是当今不少儿童读物内容低俗，色情、凶杀、赌博等字眼的频繁出现，如同流毒一样侵蚀孩子心灵。决不能任由低俗儿童读物泛滥。